福娃成长系列丛书　总主编：王阔

小学数学文化史话

胡立利　主编

北京日报出版社

图书在版编目（CIP）数据

小学数学文化史话 / 胡立利编著 . — 北京：北京
日报出版社, 2017.1
（福娃成长系列丛书）
ISBN 978-7-5477-2379-1

Ⅰ.①小… Ⅱ.①胡… Ⅲ.①数学 – 少儿读物
Ⅳ.① O1-49

中国版本图书馆 CIP 数据核字（2016）第 294308 号

小学数学文化史话

出版发行：北京日报出版社
地　　址：北京市东城区东单三条 8-16 号东方广场东配楼四层
邮　　编：100005
电　　话：发行部：（010）65255876
　　　　　总编室：（010）65252135
印　　刷：山东旺源印刷包装有限公司
经　　销：各地新华书店
版　　次：2017 年 1 月第 1 版
　　　　　2020 年 1 月第 2 次印刷
开　　本：787 毫米 × 1092 毫米　　1/16
印　　张：11
字　　数：143 千字
定　　价：42.00 元

《福娃成长系列丛书》编委会

编委：（按姓氏笔画排列）

万家茹　王丽华　王　阔　刘克祥

刘学红　李广生　李　江　张　海

张海东　范腾艳　孟朝晖　胡立利

祖海艳　彭　伟　曹　辉　王桂英

魏金辉　董淑玲

总主编：王　阔

本册主编：胡立利

本册编写人员：（按姓氏笔画排列）

王　辉　王　涛　孙　萌　任桂萍　关爱民

陈敬祎　张晓宇　金艳华　周　颖

序

　　教育的根本任务是"立德树人"，德是根，人是本，发展是关键。教育如何服务学生的全面发展，为学生的未来幸福奠基，是每一位教育工作者必须担当的责任。承担起这份责任，在每一个教育者心中牢牢扎根的是：人是发展的核心，人是幸福的主体，人是教育之根本。因为"心中有本""心中有人""心中有学生"，所以"因材施教""以人为本""个性发展"等育人观点在教育工作者中形成了广泛共识。这种"人本"或者"生本"的教育认识从不同的角度、不同的层面，理解和诠释着教育的初心和内涵。

　　以生为本的教育就是顺应教育发展的基本规律，遵循学生成长的科学规律，顺天致性，各美其美，美美与共，使每一名学生"成其所是"：是花朵，教育助其绽放；是胡杨，教育助其参天；是雄鹰，教育助其振翅。一句话，以生为本的教育就是用正确的思路，适合的方法，让每一名学生成为最好的自己。

　　在深化教育综合改革的历史背景下，作为教育工作者应该清醒地意识到：二次创业成为历史的选择，时代的选择。在创业中不断思考如何创办优质教育，不断顺应甚至引领时代发展的需求，在这样的过程中不断地成就学校，成就教师。我以为西辛小学教育集团的"顺性成格教育"，就是顺应孩子的天性和身心发展规律，顺应时代发展趋势和社会发展要求；致力于发扬每个人的个性，致力于发展每个人的社会性；让每个学生形成自己独特的风格，拥有与众不同的行事作风和观念。这是落实"以人为本"的一种行动实践和个性表达。中国人讲"修身、齐家、治国、平天下"，按照这样的逻辑，"顺性成格"就是立足学生发展，遵循教育规律、学生成长规律，整合社会资源，开发课程资源，发挥教师资源，创新渠道资源，搭建师生成长平台，拓展学生成长渠道，努力让每个人成为应该成为的人，做勇于担当的公民；努力让每个人成为可能成为的人，做具有优势的自己，助力每一名学生最美的绽放。

这套由西辛小学教育集团一线教师为学生编写的《福娃成长系列丛书》，是一套内容丰富、图文并茂、适合学生的"生本"教育资源读物。内容上体现了涵养做人品格，拥有美好的"品性"；修炼行为标准，具备良好的"能力"。体例上体现了"仁智和美"学生发展核心素养框架下的八种必备品格和八个关键能力。育人目标上体现了西辛小学要培养"会做人、会学习、会共处、会生活的现代公民"。从外在表现上，既有课程的延伸，也有知识的拓展；有德育的渗透，也有学科的整合；关注能力提高，关注素养提升。

文学是社会的家庭教师，阅读是寻找精神家园的旅行，每个人的成长都需要不断地指引和开拓，顿悟与回眸。这套丛书的编写，不仅仅是促进教师发展，服务学生成长的一个平台，不仅仅是探索课程改革，开发教育资源的一次尝试，更是引领学生精神成长，培育核心素养，奠基学生未来幸福的一次重要的创新实践。相信它会成为一个媒介，让每一个阅读者开启一段美好的旅程，在成长的田野中不期而遇、相伴相惜……

桃李不言，心系学生，胸有梦想，助力成长。以"生本教育"的旋律，和孩子一起成长；以"多元幸福"的视野，和孩子一起仰望星空。

谨以为序。以此表示我对《福娃成长系列丛书》编辑出版的祝贺。

（刘克祥现任北京市顺义区教育工委书记，教委主任）

目录
Contents

第一章　数学是什么……………………1

1.1 "算术"的起源………………………2

1.2 "数学"的来源………………………3

1.3 算术内容演变………………………3

1.4 数学定义……………………………4

1.5 中国数学史…………………………4

第二章　数的趣史………………………7

2.1 数的起源……………………………7

2.2 中外数字……………………………15

2.3 计数法………………………………22

第三章　符号趣史………………………25

3.1 数学符号的来源……………………25

3.2　符号史话…………………………26

第四章　运算趣史………………………33

4.1 十进位值制…………………………33

4.2 其他进位制…………………………36

第五章　图形趣史………………………37

5.1 图形概念起源………………………37

5.2 几何的由来与发展…………………40

5.3　面积………………………………44

5.4　体积………………………………51

第六章　统计趣史………………………54

6.1 什么是统计学………………………54

6.2 统计学的发展史……………………55

6.3 统计学历史中的重要学派……57

6.4 统计的应用…………………………61

6.5 统计表与统计图……………………65

第七章　概率趣史………………………68

7.1 概率的起源…………………………68

7.2 概率的定义…………………………70

第八章　数学之美………………………72

8.1 数海探奇……………………………72

8.2 魔幻绚丽的等式……………………94

8.3 幻方中的数学之美…………………110

8.4 建筑中的数学之美…………………115

8.5 生活中的数学之美…………………117

8.6 图案中的数学之美…………………122

8.7 文学中的数学之美…………………130

8.8 自然中的数学之美…………………139

第九章　数学奇趣………………………143

9.1 绿色植物的数学美…………………143

9.2 "精通"数学的动物…………………145

9.3 数学与海王星的发现⋯⋯⋯146

9.4 大自然中神奇的数字⋯⋯⋯148

9.5 泰勒斯巧测金字塔⋯⋯⋯⋯150

9.6 数学低温的世界⋯⋯⋯⋯⋯152

第十章　数学家的故事⋯⋯⋯⋯154

10.1 刘徽⋯⋯⋯⋯⋯⋯⋯⋯⋯154

10.2 祖冲之⋯⋯⋯⋯⋯⋯⋯⋯156

10.3 苏步青⋯⋯⋯⋯⋯⋯⋯⋯158

10.4 华罗庚⋯⋯⋯⋯⋯⋯⋯⋯160

10.5 陈景润⋯⋯⋯⋯⋯⋯⋯⋯161

10.6 陈省身⋯⋯⋯⋯⋯⋯⋯⋯164

10.7 拉格朗日⋯⋯⋯⋯⋯⋯⋯166

第一章　数学是什么

　　数学（汉语拼音：shù xué；希腊语：μαθηματικ），源自于古希腊语的 μθημα（má thēma），其有学习、学问、科学，以及另外还有个较狭隘且技术性的意义——"数学研究"。即使在其语源内，其形容词意义和与学习有关的，亦会被用来指数学的。其在英语的复数形式，及在法语中的复数形式 +es 成 mathématiques，可溯至拉丁文的中性复数 Mathematica，由西塞 hjt 数学（Math）。以前中国古代把数学叫算术，又称算学，最后才改为数学。

1.1 "算术"的起源

    算术是数学中最古老、最基础和最初等的部分，它研究数的性质及其运算。把数和数的性质、数和数之间的四则运算在应用过程中的经验累积起来，并加以整理，就形成了最古老的一门数学——算术。在古代全部数学就叫做算术，现代的代数学、数论等最初就是由算术发展起来的。后来，算学、数学的概念出现了，它代替了算术的含义，包括了全部数学，算术就变成了其中的一个分支。

    关于算术的产生，还是要从数谈起。数是用来表达、讨论数量问题的，有不同类型的量，也就随着产生了各种不同类型的数。远在古代发展的最初阶段，由于人类日常生活与生产实践中的需要，在文化发展的最初阶段就产生了最简单的自然数的概念。

    自然数的一个特点就是由不可分割的个体组成。比如说树和羊这两种事物，如果说两棵树，就是一棵再一棵；如果有三只羊，就是一只、一只又一只。但不能说有半棵树或者半只羊，半棵树或者半只羊充其量只能算是木材或者是羊肉，而不能算作树和羊。

    数和数之间有不同的关系，为了计算这些数，就产生了加、减、乘、除的方法，这四种方法就是四则运算。

    把数和数的性质、数和数之间的四则运算在应用过程中的经验累积起来，并加以整理，就形成了最古老的一门数学——算术。

1.2 "数学"的来源

数学,起源于人类早期生产活动,为中国古代六艺之一,亦被古希腊学者视为哲学之起点。其演进可以看成是抽象化的持续发展,或是题材的延展。第一个被抽象化的概念大概是数字,其对两个苹果及两个橘子之间有某种相同事物的认知是人类思想的一大突破。除了如何去数实际物质的数量,人类也了解了如何去数抽象物质的数量,如年份、算术也自然而然地产生了。

1.3 算术内容演变

算术是数学的一个分支,其内容包括自然数和在各种运算下产生的性质,运算法则以及在实际中的应用。可是,在数学发展的历史中算术的含义要广泛得多。

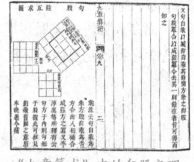

《九章算术》中的勾股定理

在中国古代,"算"是一种竹制的计算器具,"算术"是指操作这种计算器具的技术,也泛指当时一切与计算有关的数学知识。"算术"一词正式出现于《九章算术》中。《九章算术》分为九章,即"方田"、"粟米"等,大都是实用的名称。如"方田"是指土地的形状,讲土地面积的计算,属于几何的范围;"粟米"是粮食的代称,讲的是各种粮食间的兑换,主要涉及的是比例,属于算术的范围。可见,当时的"算术"是泛指数学的全体,与现代的意义不同。

直到宋元时代,才出现了"数学"这一名词。

从 19 世纪起,西方的一些数学学科,包括代数、三角等相继传入中国。西方传教士多使用数学,日本后来也使用数学一词,中国古算术则仍沿用"算学"。1953 年,中国数学会成立数学名词审查委员会,确立起"算术"的意义,而算学与数学仍并存使用。1937 年,清华大学仍设"算学系"。1939 年为了统一起见,才确定专用"数学"。

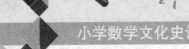

1.4 数学定义

数 学（mathematics 或 maths），是研究数量、结构、变化、空间以及信息等概念的一门学科，从某种角度看属于形式科学的一种。

而在人类历史发展和社会生活中，数学也发挥着不可替代的作用，也是学习和研究现代科学技术必不可少的基本工具。

1.5 中国数学史

数学是中国古代科学中一门重要的学科，它的历史悠久，成就辉煌。根据它本身发展的特点，可以分为五个时期。

1. 中国古代数学的萌芽

中国古代数学的萌芽在原始社会末期，私有制和货物交换产生以后，数与形的概念有了进一步的发展，仰韶文化时期出土的陶器，上面已刻有表示 1234 的符号。到原始社会末期，已开始用文字符号取代结绳记事了。

西安半坡出土的陶器有用 1 ~ 8 个圆点组成的等边三角形和分正方形为 100 个小正方形的图案，半坡遗址的房屋基址都是圆形和方形。为了画圆作方，确定平直，人们还创造了规、矩、准、绳等作图与测量工具。据《史记·夏本纪》记载，夏禹治水时已使用了这些工具。

2. 中国古代数学体系的形成

秦汉是封建社会的上升时期，经济和文化均得到迅速发展。中国古代数学体系正是形成于这个时期，它的主要标志是算术已成为一个专门的学科，出现以《九章算术》为代表的数学著作。

《九章算术》是战国、秦、汉封建社会创立并巩固时期数学发展的总结，就其数学成就来说，堪称是世界数学名著。例如分数四则运算、

今有术（西方称三率法）、开平方与开立方（包括二次方程数值解法）、盈不足术（西方称双设法）、各种面积和体积公式、线性方程组解法、正负数运算的加减法则、勾股形解法（特别是勾股定理和求勾股数的方法）等，水平都是很高的。其中方程组解法和正负数加减法则在世界数学发展上是遥遥领先的。

3. 中国古代数学的发展

　　魏、晋时期出现的玄学，不为汉儒经学束缚，思想比较活跃；它诘辩求胜，又能运用逻辑思维，分析义理，这些都有利于数学从理论上加以提高。吴国赵爽注《周髀算经》，汉末魏初徐岳撰《九章算术》注，魏末晋初刘徽撰《九章算术》注、《九章重差图》都是出现在这个时期。赵爽与刘徽的工作为中国古代数学体系奠定了理论基础。

　　赵爽是中国古代对数学定理和公式进行证明与推导的最早的数学家之一。他在《周髀算经》书中补充的"勾股圆方图及注"和"日高图及注"是十分重要的数学文献。在"勾股圆方图及注"中他提出用弦图证明勾股定理和解勾股形的五个公式；在"日高图及注"中，他用图形面积证明汉代普遍应用的重差公式，赵爽的工作是带有开创性的，在中国古代数学发展中占有重要地位。

　　刘徽的《九章算术注》不仅是对《九章算术》的方法、公式和定理进行一般的解释和推导，而且在论述的过程中有很大的发展。刘徽创造割圆术，利用极限的思想证明圆的面积公式，并首次用理论的方法算得圆周率为 157/50 和 3927/1250 之间。他用无穷分割的方法证明了直角方锥与直角四面体的体积比恒为 2：1，解决了一般立体体积的关键问题。在证明方锥、圆柱、圆锥、圆台的体积时，刘徽为彻底解决球的体积提出了正确途径。

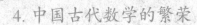

4. 中国古代数学的繁荣

中国古代计算技术改革的高潮也是出现在宋元时期。宋元明的历史文献中载有大量这个时期的实用算术书目，其数量远比唐代为多，改革的主要内容仍是乘除法。与算法改革的同时，穿珠算盘在北宋可能已出现。

宋元数学的繁荣，是社会经济发展和科学技术发展的必然结果，是传统数学发展的必然结果。此外，数学家们的科学思想与数学思想也是十分重要的。宋元数学家都在不同程度上反对理学家的象数神秘主义。李冶曾批评朱熹著作，说它不通的地方很多。他指出，说数学难认识是可以的，但说数学不能认识就不对；他认为数学来源于自然界，"苟能推自然之理"就可以"明自然之数"。秦九韶虽曾主张数学与道学同出一源，但他后来也认识到，"通神明"的数学是不存在的，只有"经世务类万物"的数学。

5. 中西方数学的融合

从明代开始，西方初等数学陆续传入中国，使中国数学研究出现一个中西融合贯通的局面；鸦片战争以后，近代数学开始传入中国，中国数学便转入一个以学习西方数学为主的时期；到19世纪末20世纪初，近代数学研究才真正开始。

从明初到明中叶，商品经济有所发展，和这种商业发展相适应的是珠算的普及。明初《魁本对相四言杂字》和《鲁班木经》的出现，说明珠算已十分流行。前者是儿童看图识字的课本，后者把算盘作为家庭必需用品列入一般的木器家具手册中。

第二章 数的趣史

2.1 数的起源

1. 自然数的产生

同学们，我们在日常生活和学习中，天天都要用到数，你们知道数是怎么产生的吗？

很久很久以前，我们的祖先为了生存，往往几十人在一起，过着群居的生活。他们白天共同劳动，搜捕野兽、飞禽或采集果薯食物；晚上住在洞穴里，共同享用劳动所得。在长期的共同劳动和生活中，他们之间逐渐到了有些什么非说不可的地步，于是产生了语言。他们能用简单的语言夹杂手势，来表达感情和交流思想。随着劳动内容的发展，他们的语言也不断发展，终于超过了一切其他动物的语言。其中的主要标志之一，就是语言包含了算术的色彩。

他们先是产生了朦胧的"数"的概念。狩猎而归，猎物或有或无，于是有了"有"与"无"两个概念。连续几天"无"兽可捕，就没有肉吃了，"有"、"无"的概念便逐渐加深。

后来，群居发展为部落。部落由一些成员很少的家庭组成。所谓"有"，就分为"一"、"二"、"三"、"多"等四种（有的部落甚至连"三"也没有）。任何大于"三"的数量，他们都理解为"多"或者"一堆"、"一群"。有些酋长虽是长者，却说不出他捕获过多少种野兽，看见过多少种树，如果问巫医，巫医就会编造一些词汇来回答"多少种"的问题，并煞有其事地吟诵出来。然而，不管怎样，他们已经可以用双手说清这样的话（用一个指头指鹿，三个指头指箭）："要换我一头鹿，你得给我三枝箭。"这是他们当时没有的算术知识。

大约在1万年以前，冰河退却了。一些从事游牧的石器时代的狩猎者在中东的山区内，开始了一种新的生活方式——农耕生活。他们碰到了怎样的记录日期、季节，怎样计算收藏谷物数、种子数等问题。特别是在尼罗

河谷、底格里斯河与幼发拉底河流域发展起更复杂的农业社会时，他们还碰到交纳租税的问题。这就要求数有名称。而且计数必须更准确些，只有"一"、"二"、"三"、"多"，已远远不够用了。

底格里斯河与幼发拉底河之间及两河周围，叫做美索不达米亚，那儿产生过一种文化，与埃及文化一样，也是世界上最古老的文化之一。美索不达米亚人和埃及人虽然相距很远，但却以同样的方式建立了最早的书写自然数的系统——在树木或者石头上刻痕划印来记录流逝的日子。尽管数的形状不同，但又有共同之处，他们都是用单划表示"一"。

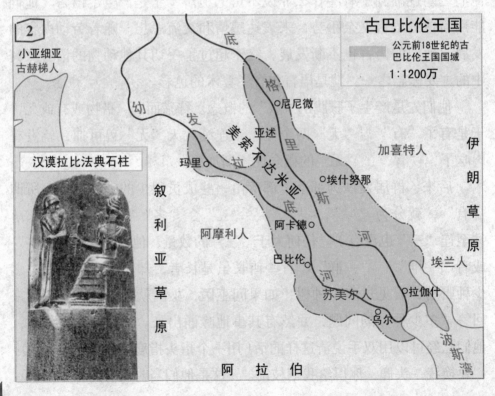

　　后来（特别是以村寨定居后），他们逐渐以符号代替刻痕，即用 1 个符号表示 1 件东西，2 个符号表示 2 件东西，依此类推，这种记数方法延续了很久。大约在 5000 年以前，埃及的祭司已在一种用芦苇制成的草纸上书写数的符号，而美索不达米亚的祭司则是写在松软的泥板上。他们除了仍用单划表示"－"以外，还用其他符号表示"＋"或者更大的自然数；他们重复地使用这些单划和符号，以表示所需要的数字。

　　公元前 1500 年，南美洲秘鲁印加族（印第安人的一部分）习惯于"结绳记数"——每收进一捆庄稼，就在绳子上打个结，用结的多少来记录收成。"结"与痕有一样的作用，也是用来表示自然数的。根据我国古书《易经》的记载，上古时期的中国人也是"结绳而治"，就是用在绳上打结的办法来记事表数。后来又改为"书契"，即用刀在竹片或木头上刻痕记数。用一划代表"一"。直到今天，我们中国人还常用"正"字来记数，每一划代表"一"。而这个"正"字还包含着"逢五进一"的意思。

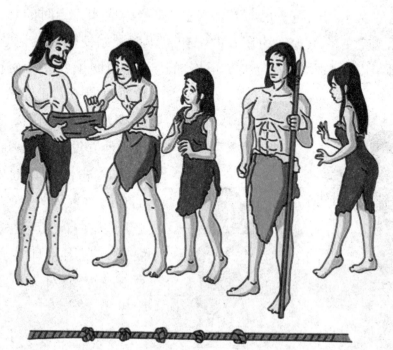

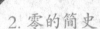

2. 零的简史

0是极为重要的数字，0的发现被称为人类伟大的发现之一。0在我国古代叫做金元数字（意即极为珍贵的数字）。0这个数据说是由印度人在约公元5世纪时发明，在1202年时，一个商人写了一本算盘之书，在东方中由于数学是以运算为主（西方当时以几何和逻辑为主），由于运算上的需要，自然地引入了0这个数。在中国很早便有0这个数字，很多文献都有记载。

由于一些原因，在初时引入0这个符号到西方时，曾经引起西方人的困惑，因为当时西方认为所有数都是正数，而且0这个数字会使很多算式、逻辑不能成立（如除以0），甚至认为是魔鬼数字，而被禁用。直至约公元15、16世纪0和负数才逐渐给西方人所认同，才使西方数学有快速发展。

0的另一个历史：0的发现始于印度。公元前2500年左右，印度最古老的文献《吠陀》已有"0"这个符号的应用，当时的0在印度表示无（空）的位置。约在6世纪初，印度开始使用命位记数法。7世纪初印度大数学家葛拉夫·玛格蒲达首先说明了0的性质，任何

数乘0是0，任何数加上0或减去0得任何数。遗憾的是，他并没有提到以命位记数法来进行计算的实例。也有的学者认为，0的概念之所以在印度产生并得以发展，是因为印度佛教中存在着"绝对无"这一哲学思想。

3.分数史话

你知道吗？在历史上，分数几乎与自然数一样古老。早在人类文化发明的初期，由于进行测量和均分的需要，引入并使用了分数。

外国在许多民族的古代文献中都有关于分数的记载和各种不同的分数制度。

说分数的历史，得从 3000 多年前的埃及说起。早在公元前 2100 多年，古代巴比伦人（现处伊拉克一带）就使用了分母是 60 的分数。公元前 1850 年左右的埃及算学文献中，也开始使用分数，不过那时候古埃及的分数只是分数单位。2000 多年前，中国有了分数，但是，秦汉时期的分数的表现形式不一样。印度出现了和我国相似的分数表示法。再往后，阿拉伯人发明了分数线，今天分数的表示法就由此而来。200 多年前，瑞士数学家欧拉，在《通用算术》一书中说，要想把 7 米长的一根绳子分成三等份是不可能的，因为找不到一个合适的数来表示它。如果我们把它分成三等份，每份是 7/3 米。像 7/3 就是一种新的数，我们把它叫做分数。分数这个名称直观而生动地表示了这种数的特征，例如，一只西瓜四个人平均分，不把它分成相等的四块行吗？从这个例子就可以看出，分数是度量和数学本身的需要——除法运算的需要而产生的。

数学家欧拉
（公元 1707 年 ~ 1783 年）

中国

　　我国春秋时代（公元前 770 年～前 476 年）的《左传》中，规定了诸侯的都城大小：最大不可超过周文王国都的三分之一，中等的不可超过五分之一，小的不可超过九分之一。秦始皇时代的历法规定：一年的天数为三百六十五又四分之一。这说明：分数在我国很早就出现了，并且用于社会生产和生活。

　　《九章算术》是我国 1800 多年前的一本数学专著，其中第一章《方田》里就讲了分数四则算法：约分、合分（分数加法）、减分（分数减法）、乘分（分数乘法）、除分（分数除法）的法则，与我们现在的分数运算法则完全相同，另外，还记载了课分（比较分数大小）、平分（求分数的平均值）等关于分数的知识，是世界上最早的系统叙述分数的著作。中国使用分数比其他国家要早出一千多年，并且用于社会生产和生活，所以说中国有着多么悠久的历史，多么灿烂的分数的文化啊！

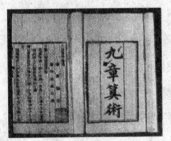

刘徽与《九章算术》

　　分数的写法也经历了历史的变迁，古代分数的表示方法笨拙而复杂，以至于德国有句谚语形容一个人陷入绝境，就说："掉到分数里去了"。我国古代先秦分数表示法，虽形式多样，但表现方式极有规律。例如，《睡虎地秦墓竹简》中的"十牛以上而三分之一死"，《老子·德经》第五十章中的"出生入死，生之徒十有三，死之徒十有三。而民之生，生而动，动皆之死地，亦十有三"，《左传》中的"十一分其室而以其五与之"等，其发展过程是量词在分数形式中的词序位置后移，最后发展成为汉语

中最基本的表现形式：X 分之 X。我国古代在数学方 1 面用 "1/111" 表示 1/3。

数字进制体系表										
数字	一	二	三	四	五	六	七	八	九	十
一进制	1	II	III	IIII	IIIII	IIIIII	IIIIIII	IIIIIIII	IIIIIIIII	IIIIIIIIII
二进制	1	10	11	100	101	110	111	1000	1001	1010
三进制	1	2	10	11	12	20	21	22	100	101
四进制	1	2	3	10	11	12	13	20	21	22
五进制	1	2	3	4	10	11	12	13	14	20
六进制	1	2	3	4	5	10	11	12	10	14
七进制	1	2	3	4	5	6	10	11	12	13
八进制	1	2	3	4	5	6	7	10	11	12
九进制	1	2	3	4	5	6	7	8	10	11
十进制	1	2	3	4	5	6	7	8	9	10

巴比伦人用进位计数法表示分数，例如作为分数来记时，可以表示 20/60，而作为分数来记（其中表示 20，表示 60），可表示 21/60 或 20/60+1/602（六十进制分数，即小于一的数，用六十乘幂的逆方幂表示，这种写法仍为希腊人所采用，并且一直沿用到十六世纪文艺复兴时的欧洲）少数几个分数有其特定记号，例如，这些特殊分数 1/2, 1/3, 2/3 对巴比伦人来说，在量的度量意义上是作为整体看待的，而不是一的几分之几。

埃及数系中分数的记法比我们今日的复杂得多，记号读作 ro，原表示浦式耳（谷物容量，一蒲式耳合八加仑），埃及人用来表示一个分数，在僧侣文中把卵形改成一个点，卵形或点通常记在整数上，表明它是个分数，例如在象形文字写法中，少数几个分数用特殊记号表示，如象形记号表示 1/2，表示 2/3，表示 1/4。

古希腊人表示分数也有其独特的风格，他们用特殊记号 L" 表示，其中 =1， =2， =3。写小的分数时在分子上加一重音符号，然后把分母写一次或两次，每次加两个重音符号，例如，lr'k "k"（其中 l=10， =9, k=20），当分子大于一时，古希腊人把这种分数写成单位分数之和，例如，把 163/224 写成，也用及其他式子表示同一分数，加号省略不写。在数学史上，希腊人的后继者是印度人。印度人用六十进制记法表示天文上的分数，其他方面的分数他们用整数之比来表示，但没有用横线。

阿拉伯人采用并改进了印度的数字记号和进位记法，他们把这些数字记号表示整数和普通分数（在印度方案上加一横线），用于数学课本上，把按照希腊格式的阿拉伯字母数字用于天文书上，在天文上他们仍效仿用六十进位制的分数。一直到 12 世纪，阿拉伯人发明了分数线，分数就成了今天这个样子。

我们现代人看来很简单的分数，却是几千年来古今中外的学者历经艰辛创造的科学成果。可见，在攀登科学的高峰上，我们要不断回过头来学习了解前人的辉煌成就，站在更高的起点看待现代科学。正如 Hermann Weyl（外尔，德国数学家）所说："如果不知道远溯古希腊各代前辈所建立和发展的概念、方法和结果，我们就不可能理解近五十年来数学的目标，也不可能理解他们的成就。"

德国数学家外尔
（1885—1955）

4. 小数史话

小数是我国最早提出和使用的。早在一千七百多年前，我国古代数学家刘徽（生于公元三世纪，山东人，中国古代伟大的数学家。世界上最早提出十进小数概念的人。他的杰作《九章算术注》和《海岛算经》是我国最宝贵的数学遗产。）在解决一个数学难题时就提出了把整个位以下无法标出名称的部分称为徽数。

古代，我国用小棒表示数。

最初，人们表示小数只是用文字。到了公元十三世纪，我国元代数学家朱世杰提出了小数的名称，同时出现了低一格表示小数的记法。例如：

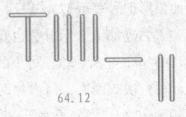

64.12

这是世界上最早的小数表示方法。这种记法后来传到了中亚和欧洲。

后来，又有人将小数部分的各个数字用圆圈圈起来，这么一圈，就把整数部分和小数部分分开了。如 64.12 表示为 64 ①②。公元 1427 年中亚数学家阿尔·卡西又创造了新的表示小数的方法。他是用把整数部分和小数部分分开记的方法。如 64.12 记作 64 12。

在西方，小数出现很晚。直到十六世纪，法国数学家克拉维斯用小圆点 "." 表示小数点，确定了现在表示小数的形式；不过还有一部分国家是用逗号 "，" 表示小数点的。例如：64.12 记作 64，12。

2.2 中外数字

1. 中国数字

中国古代曾使用象形文字记忆数字，见图片所示：

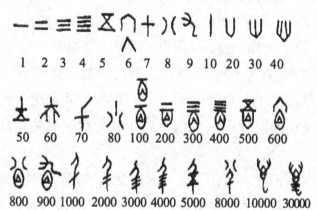

后来随着通商口岸，罗马数字传入中国。罗马数字是最早的数字表示方式，比阿拉伯数字早2000多年，起源于古罗马，但它的产生晚于中国甲骨文中的数码，更晚于埃及人的十进位数字。罗马数字用"Ⅰ、Ⅱ、Ⅲ、Ⅳ、Ⅴ、Ⅵ、Ⅶ、Ⅷ、Ⅸ"表示，但是没有0这个重要数字。"0"在罗马教代表邪恶。

清朝康熙年间，何国宗、梅谷等人编著的《数理精蕴》，列举了一套专用数字名称：个（100）、百（102）、千（103）、万（104）、亿（108）、兆（1012）、京（1016）、垓（1020）、秭（1024）、穰（1028）、沟（1032）、涧（1036）、正（1040）、载（1044）、极（1048）、恒河沙（1052）、阿僧祇（1056）、那由他（1060）、不可思议（1064）等。其中前几个是十进制、

从亿开始为万进制。

《太平御览》称"十万谓之亿，十亿谓之兆，十兆谓之京，是京谓之垓"，《孙子算经》称"十垓为秭"，说明存在两种不同的计数方法。比个位小的数，按递减，依次为分、厘、豪、丝、忽、微、纤、尘、埃、渺、漠、模糊、逡巡、须臾、瞬息、弹指、刹那（一念之间、六德《周礼》6种乐器的声音）、虚空（最小可数量）、清静（无限小的数）。从选用的词汇来看，显然是用越来越短的时间和越来越小的空间来描述越来越精确的数量的变化了。

中文数字用于文字描述。大写的中文数字则用于财务制度。

中文数字：一、二、三、四、五、六、七、八、九、十、百、千、万、亿；

中文大写：壹、贰、叁、肆、伍、陆、柒、捌、玖、拾、佰、仟、万、亿。

2. 印度数字

一个百科问答电视节目里，主持人问其中一位选手："阿拉伯数字是由哪个国家的人发明的？"选手几乎是不假思索地回答："当然是阿拉伯人。"结果大错特错。如题所示，我们最常使用的阿拉伯数字其实是由勤劳智慧的印度人所发明创造的。

阿拉伯数字是世界三大字符之一，另外两个包括华夏汉字和拉丁字母。因其简单的笔画和流畅的书写，加之使用了便于运算的十进位制，一出现便得到了世人的肯定，轻而易举在全世界范围内流行起来，并且也是最重要的是沿用至今。基本上，每个人每天都要跟阿拉伯数字打交道，尤其是会计人员，每天都在这些数字里潜水。可是却鲜有人知道，阿拉伯数字并不是阿拉伯人发明的，而是印度人。

从 0 到 9，十个阿拉伯数字

印度向来是一个发明大国，尤其是以一些创造性的发明而著称。在阿拉伯数字流行之前，欧洲普遍使用的是罗马数字。最原始的计数数目受到当时文化水平的限制最多发展到 3，如果要表达 "4" 就需要把 "2" 和 "2" 两个字符叠加起来，其他大于 4 的数字以此类推，不仅使用起来非常不方便，还经常容易出错。罗马数字的突出在于，它有了 V 和 X 两个计数单位来表示 5 和 10，然后在此基础上进行加减和罗列得到其他数字。逐渐的，人们就有了数字位置的概念，在此基础上进一步改进的是古编人，他们发明了表达数字的 "1"、"2"、"3"、"4"、"5"、"6"、"7"、"8"、"9"、"0" 十个符号，成为记数的基础。但当时这只是符号，并非是真正的我们今天所使用的 123456789。这些数字真正来临到这个世界上，还要等到公元 400 年左右，就跟生物的进化一样，数字的完善也有很长的路要走。

随着经济、文化以及佛教的兴起和发展，为印度大陆带来了空前的繁荣。位于印度次大陆西北部的旁遮普地区的数学一直处于世界领先地位。这时候，印度科学家已经有意识地在改造数字，其中贡献最为突出的是印度天文学家阿叶彼海特。他把数字记在一个个格子里，如果第一格里有一个符号，比如是一个代表 1 的圆点，那么第二格里的同样圆点就表示十，而第三格里的圆点就代表一百。这样，不仅是数字符号本身，而且是它们所在的位置次序也同样拥有了重要意义。这些在当时并不起眼的符号和表示方法却成为阿拉伯数字的雏形。很快，后世数学家们并发明出了 123456789 等九个数字的表示方法，当然书写方式跟我们今天常见的还有很大出入，但基本上已经可以保证使用和运算。但是这时候，阿拉伯数字并不完整，因为还没有 0 的存在。

0看起来似乎无关轻重，可有可无，但其实0在数字运算中起到了至关重要的作用。

公元458年，印度首次出现了"零"的概念。公元628年，印度天文学兼数学家布拉马古普塔为"零"创设了一个符号。那时候0还不是像一个立着的鸡蛋，而是像一个黄豆，只是位于数字底下的一个实心的小圆点。公元876年，人们在印度的瓜廖尔地方发现了一块刻有"270"的石碑。这也是人们发现的有关"0"的最早的记载。拉马古普塔还利用"零"进行数学运算，记录通过加减得到"零"的规则以及在方程中运用"零"所带来的结果。这是作为一个概念和符号的"零"在世界上首次被视为一个数字。

数字0看似简单发明起来却着实不容易

与此同时，地跨亚非欧三洲的阿拉伯帝国开始崛起。阿拉伯人依靠其团结和强大很快征服了周围的民族，建立了东起印度，西从非洲到西班牙的撒拉孙大帝国。大约700年前后，阿拉伯人征服了旁遮普地区，他们虽然征服了这里的土地，却被这里的数学所折服。阿拉伯人被印度数字的简洁美妙所吸引了，经济文化相对发达的他们开始有意识地派人来此学习当地的数学，并且把当地一些数学家抓到本土进行教授。没过多久，阿拉伯人逐渐放弃了他们原来作为计算符号的28个字母，而广泛采用印度数字，并且在实践中还对印度数字加以修改完善，使之更加便于书写和推广。

　　这里面还有一个小故事：公元771年，印度一位旅行家毛卡经过不辞辛苦翻山越岭，来到阿拉伯帝国阿巴斯王朝首都巴格达。毛卡把一部印度天文学著作《西德罕塔》献给了当时的国王曼苏尔。曼苏尔十分珍爱这部书，下令翻译家将它译为阿拉伯文，这部著作中应用了大量的印度数字。由于印度数字和印度计数法既简单又方便，其优点远远超过了其他的计算法，不仅阿拉伯的学者们很愿意接受，连本土的商人们也乐于采用这种方法来做生意。因此，起到了自上而下一个立体的传播效果。

　　印度数字"征服"阿拉伯之后，很快展开了其势不可挡地传播，首先来到的是欧洲。当时，欧洲普遍使用罗马数字进行计数和计算，跟冗长易混的罗马数字相比，阿拉伯数字的简洁优美很快俘获了欧洲人民的心，就像春天的风一样，吹遍了欧洲大地。1202年，意大利出版了《计算之书》，系统介绍和运用了印度数字，这本书的出版标志着阿拉伯数字正式在欧洲得到认可。后者以为这些数字是阿拉伯人的原创，因此就成为阿拉伯数字。就这样错误称呼一直延续到今天。

　　相对于欧洲，阿拉伯传入中国的时间有一些延迟。阿拉伯数字传入中国，大约是13到14世纪。当时中国使用的是筹算，同样采取十

进位制，写起来比较方便，所以阿拉伯数字当时在我国没有得到及时的推广运用。一直到20世纪初，阿拉伯数字的效用才在我国慢慢发酵。虽然阿拉伯数字在我国推广使用才有100多年的历史，但现在已经基本上成为人们日常学习和生活唯一一种计数方式。这也说明，阿拉伯数字本身的魅力和潜质。

3.罗马数字

罗马数字是最早的数字表示方式、比阿拉伯数字早 2000 多年、起源于古罗马。

大约在两千五百年前，罗马人还处在文化发展的初期，当时他们用手指作为计算工具。为了表示一、二、三、四个物体，就分别伸出一、二、三、四个手指；表示五个物体就伸出一只手；表示十个物体就伸出两只手。这种习惯人类一直沿用到今天。人们在交谈中，往往就是运用这样的手势来表示数字的。

当时，罗马人为了记录这些数字，便在羊皮上画出 Ⅰ、Ⅱ、Ⅲ 来代替手指的数；要表示一只手时，就写成"Ⅴ"形，表示大指与食指张开的形状；表示两只手时，就画成"ⅤⅤ"形，后来又写成一只手向上、一只手向下的"Ⅹ"，这就是罗马数字的雏形。

后来为了表示较大的数，罗马人用符号 C 表示一百。C 是拉丁字"centum"的头一个字母，centum 就是一百的意思（英文"century"就是由此而来）。用符号 M 表示一千。M 是拉丁字"mille"的头一个字母，mille 就是一千的意思。取字母 C 的一半，成为符号 L，表示五十。用字母 D 表示五百。若在数的上面画一横线，这个数就扩大一千倍。这样，罗马数字就有下面七个基本符号：罗马数字采用七个罗马字母作数字、即 Ⅰ（1）、Ⅹ（10）、C（100）、M（1000）、Ⅴ（5）、L（50）、D（500）。

Ⅰ	Ⅱ	Ⅲ	Ⅳ
1	2	3	4
Ⅴ	Ⅵ	Ⅶ	Ⅷ
5	6	7	8

记数的方法：

（1）相同的数字连写，所表示的数等于这些数字相加得到的数，如Ⅲ =3；

（2）小的数字在大的数字的右边，所表示的数等于这些数字相加得到的数，如Ⅷ =8、Ⅻ =12；

（3）小的数字（限于Ⅰ、Ⅹ和C）在大的数字的左边，所表示的数等于大数减小数得到的数，如Ⅳ =4、Ⅸ =9；

（4）在一个数的上面画一条横线，表示这个数增值 1 000 倍，如 $\overline{V}=5000$。

遗憾的是，罗马数字里没有 0。这种记数法有很大不便。如果表示 8732 这个数，那么就得写成 $\overline{\text{VIII}}$DCCXXXII，如果要有 0 就方便多了。0 引入的时间是在中世纪，那时欧洲教会的势力非常强大，他们千方百计地阻止 0 的传播，甚至有人为了传播 0 而被处死。

罗马数字 Ⅰ、Ⅱ、Ⅲ、Ⅳ、Ⅴ、Ⅵ、Ⅶ、Ⅷ、Ⅸ，在原有的 9 个罗马数字中本来就不存在 0。罗马教皇还自己认为用罗马数字来表示任何数字不但完全够用而且十全十美，他们甚至向外界宣布："罗马数字是上帝发明的，从今以后不许人们再随意增加或减少一个数字。"0 是被人们禁止使用的。

有一次，一位罗马学者在手册中看到有关于 0 的内容介绍，他认为 0 对记数是很有益处的，于是便不顾罗马教皇的禁令，在自己的著作中悄悄记载了一些关于 0 的用法，并把一些有关 0 的知识以及在运算中所起到的作用暗中进行传播。这件事被罗马教皇知道后，马上派人把他给囚禁了起来并投入了监狱。教皇为此还大发脾气地说："神圣的数，不可侵犯，是上帝创造出来的，决不允许 0 这个邪物加进来，弄污了神圣的数！"

再后来这位学者就被施以酷刑，从此以后就再也不能握笔写字了。但是黑暗终究战胜不了光明，人们一旦意识到 0 的重要作用，就会不顾一切地冲破教会的束缚，大胆地使用起它来。

罗马数字因书写繁难，所以，后人很少采用。现在最常见的罗马数字就是钟表的表盘符号：Ⅰ、Ⅱ、Ⅲ、Ⅳ（ⅢⅡ）、Ⅴ、Ⅵ、Ⅶ、Ⅷ、Ⅸ、Ⅹ、Ⅺ、Ⅻ……元素周期表：ⅠA 族，ⅡA 族，ⅢA 族，ⅣA 族，ⅤA 族，ⅥA 族，ⅦA 族，ⅠB 族，ⅡB 族，ⅢB 族，ⅣB 族，ⅤB 族，ⅥB 族，ⅦB 族，Ⅷ 族。

2.3 计数法

1. 实物计数法

人类产生数的观念最初可以追溯到旧石器时代，距今大约有上万年乃至几十万年的时间。当时穴居的原始人在采集食物和捕获猎物的集体行动中，免不了要与数字打交道，特别是在分配和交换剩余物品的活动中，必须要用数字进行简单的运算。

古时候人们计数的方法有(结绳)记数，(筹码)记数和(算盘)记数。

用实物计数　　　结绳计数　　　刻道记数

实物计数，结绳计数，刻道计数等：原始社会的计数方法，说明当时如何用小石子检查放牧归来的羊的只数；用结绳的方法统计猎物的个数；用在木头上刻道的方法记录捕鱼的数量等等。

2. 符号计数法

说到符号计数法，我们必须先说说十进制的缘起。

人类最早认识的数目是 1，2，3 等一些最简单的自然数，随着时间的推移，人们能掌握的自然数越来越多，于是就产生了如何书写这些数目的问题。虽然分布在世界上不同地区的不同民族，都选择各自不同的符号来计数，但是最初几乎都是用一横杠或一竖杠（即"——"或"｜"）表示 1，用两横杠或两竖杠（即"＝"或"‖"）表示 2，也就是说，要表示几，就画几杠。可是，对于较大的数字，要表示它就要画很多杠，这样既费时间，又不容易数清。为了简化计数法，人们就需要创造一个新的符号来表示一个特定的数。很多地区都把这个特定的数选作 10，因为一个人有 10 个手指头，而手指是人类最早也是最方便的计数工具，于是十进制就产生了。随后，人们给一百、一千、

一万等特殊的数确定专门的符号，使十进制表示较大数目时更方便了。

有了十进制和位值制后，还必须创造十个互相独立的符号，它们在写法上是互相独立的，这样的计数系统才算是完善的。

自从有了文字之后，人类文明的许多发源地几乎都有了进位制，但位值制只在很少的地方先后出现，而完善的计数系统的产生则是很晚的事情了。

巴比伦数字

中国数字

罗马数字

印度数字

阿拉伯数字

3. 算筹计数法

算筹最早出现在何时，现在已经不可查考了，但至迟到春秋战国，算筹的使用已经非常普遍了。算筹是一根根同样长短和粗细的小棍子，那么怎样用这些小棍子来表示各种各样的数目呢？

古代的象牙算筹　　甲骨文中的 13 个数字

古代的数学家们创造了纵式和横式两种摆法，这两种摆法都可以表示 1、2、3、4、5、6、7、8、9 九个数码。下图便是算筹记数的两种摆法：

纵式：　| || ||| |||| ||||| T TT TTT TTTT
横式：　一 = ≡ ≣ ≣ ⊥ ⊥ ≜ ≝
　　　　1　2　3　4　5　6　7　8　9

算筹记数摆法

那么为什么又要有纵式和横式两种不同的摆法呢？这就是因为十进位制的需要了。所谓十进位制，又称十进位值制，包含有两方面的含义。其一是"十进制"，即每满十数进一个单位，十个一进为十，十个十进为百，十个百进为千……其二是"位值制"，即每个数码所表示的数值，不仅取决于这个数码本身，而且取决于它在记数中所处的位置。如同样是一个数码"2"，放在个位上表示 2，放在十位上就表示20，放在百位上就表示 200，放在千位上就表示 2000……在我国商代的文字记数系统中，就已经有了十进位值制的萌芽，到了算筹记数和运算时，就更是标准的十进位值制了。

按照中国古代的筹算规则，算筹记数的表示方法为：个位用纵式，十位用横式，百位再用纵式，千位再用横式，万位再用纵式……这样从右到左，纵横相间，以此类推，就可以用算筹表示出任意大的自然数了。由于它位与位之间的纵横变换，

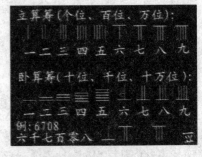

且每一位都有固定的摆法，所以既不会混淆，也不会错位。毫无疑问，这样一种算筹记数法和现代通行的十进位制记数法是完全一致的。

中国古代十进位制的算筹记数法在世界数学史上是一个伟大的创造。把它与世界其他古老民族的记数法作一比较，其优越性是显而易见的。古罗马的数字系统没有位值制，只有七个基本符号，如要记稍大一点的数目就相当繁难。古美洲玛雅人虽然懂得位值制，但用的是20 进位；古巴比伦人也知道位值制，但用的是 60 进位。20 进位至少需要 19 个数码，60 进位则需要 59 个数码，这就使记数和运算变得十分繁复，远不如只用 9 个数码便可表示任意自然数的十进位制来得简捷方便。中国古代数学之所以在计算方面取得许多卓越的成就，在一定程度上应该归功于这一符合十进位制的算筹记数法。马克思在他的《数学手稿》一书中称十进位记数法为"最妙的发明之一"，确实是一点也不过分的。

第三章　符号趣史

3.1 数学符号的来源

数学符号是数学科学专门使用的特殊符号。它的发明和使用比数字晚，但是数量多得多，现在常用的有 200 多个。而不同的符号又有着不同的来源，它的产生和发展是一部动人的历史。每一个符号的背后都有一个美丽的故事，它有许多迂回和曲折的产生发展史，它有奇特的构思、惊人的演变和偶然的创用趣事。少数符号令人读之如若天书，光怪陆离。但总的来说，流传沿用至今的数学符号，大都为我们勾画出一幅数学历史发展的绚丽多彩的画卷，充满诗情，读后令人陶醉、感叹、流连忘返。

下面，简单介绍一下部分数学符号的来源，希望能激起大家对数学符号的兴趣，能够去进一步了解一些相关知识。

数学符号的来源：

一是来源于象形，实际上是缩小的图形。如平行符号"∥"是两条平行的直线；垂直符号"⊥"是互相垂直的两条直线；三角形符号"△"是一个缩小了的三角形。二是来源于会意，即由图形就可以看出某种特殊的意义。如用两条长度相等的线段"="并列在一起，表示等号；加一条斜线"≠"，表示不等号；用符号"＞"表示大于（左侧大，右边小），"＜"表示小于（左侧小，右边大）。三是来源于文字的缩写。如我们以后中学将要学到的平方根号"√"中的"√"，是从拉丁字母 Radix（根值）的第一个字母 r 演变而来。相似符号"∽"是把拉丁字母 S 横过来写，而 S 是 Sindlar（相似）的第一个字母。还有大量的符号是人们经过规定沿用下来的。当然这些符号并不是一开始就都是这种形状，而是有一个演变过程的。

符号种类：

小学常见数学符号种类有：

数量符号：a，x，e，π……

运算符号：如加号（+），减号（−），乘号（×或·），除号（÷或/）

关系符号：如"="是等号，"≈"是近似符号（即约等于），"≠"是不等号，">"是大于符号，"<"是小于符号，"≥"是大于或等于符号（也可写作"≮"，即不小于），"≤"是小于或等于符号（也可写作"≯"，即不大于）

结合符号：如小括号"（）"，中括号"[ ]"，大括号"{ }"

性质符号：如正号"+"，负号"−"。

3.2 符号史话

大家都知道圆周率 π 吧，说到它我们就会想到我国南北朝时期杰出的数学家、天文学家祖冲之（公元 429–500 年）。

祖冲之在数学上的杰出成就，是关于圆周率的计算。秦汉以前，人们以"径一周三"作为圆周率，这就是"古率"。后来发现古率误差太大，圆周率应是"圆径一而周三有余"，不过究竟余多少，意见不一。直到三国时期，刘徽提出了计算圆周率的科学方法 –– "割圆术"，用圆内接正多边形的周长来逼近圆周长。刘徽计算到圆内接 96 边形，求得 $\pi=3.14$，并指出，内接正多边形的边数越多，所求得的 π 值越精确。祖冲之在前人成就的基础上，经过刻苦钻研，反复演算，求出 π 在 3.1415926 与 3.1415927 之间，并得出了 π 分数形式的近似值，取为约率，取为密率，其中取六位小数是 3.141929，它是分子分母在 1000 以内最接近 π 值的分数。祖冲之究竟用什么方法得出这一结果，现在无从考查。若设想他按刘徽的"割圆术"方法去求的话，就要计算到圆内接 16，384 边形，这需要花费多少时间和付出多么巨大的劳动啊！由此可见他在治学上的顽强毅力和聪明才智是令人钦佩的。祖

冲之计算得出的密率，外国数学家获得同样结果，已是一千多年以后的事了．为了纪念祖冲之的杰出贡献，有些外国数学史家建议把 $\pi =$ 叫做"祖率"。

1. 加号、减号的故事

运算符号并不是随着运算的产生而立即出现的。如中国至少在商代（约三千年前）就已经有加法、减法运算。但同其他几个文明古国如埃及、希腊和印度一样，都没有加法符号，把两个数字写在一起就表示相加。到公元三世纪，希腊出现了减号"↑"，但仍没有加法符号。公元六世纪，印度出现了用单词的缩写作运算符号。其中减法是在减数上画一点表示。

后来欧洲人承袭印度的做法。例如用拉丁字母的 P（Plus 的第一个字母，意思是相加）表示加，用 M（Minus 的第一个字母，意思是相减）表示减。

"＋"、"－"出现于中世纪。据说，当时酒商在售出酒后，曾用横线标出酒桶里的存酒，而当桶里的酒又增加时，便用竖线条把原来画的横线划掉，于是就出现用以表示减少的"－"和用来表示增加的"＋"。

1489 年，德国数学家魏德曼（Widman，1460—？）在他的著作中首先使用"＋"、"－"表示剩余和不足，1514 年荷兰数学家赫克（Hoecke）把它用作代数运算符号。后来又经过法国数学家韦达（Vieta，1540—

1603）的宣传和提倡，才开始普及，直到 1630 年，才得到大家的公认。

2. 乘号、除号的故事

以符号"×"代表乘是英国数学家奥特雷德首创的。他于 1631 年出版的《数学之钥》中引入这种记法。据说是由加法符号 + 变动而来，因为乘法运算是从相同数的连加运算发展而来的。后来，莱布尼兹认为"×"容易与"X"相混淆，建议用"·"表示乘号，这样，"·"也得到了承认。

除法运算所使用的除号"÷"被称为雷恩记号，因为它是瑞典人雷恩在 1659 年出版的一本代数书中首先使用的。1668 年他这本书译成英文出版，这个记号得以流行起来，直到现在。

1666 年，莱布尼兹在他的一篇论文《组合的艺术》中首次用"："作为除号，后来逐渐通用，现在德国、前苏联等国家一直在使用。

「÷」（除）的符号有两种说法：一是该符号代表除法以分数的形式来表示，一的上方和下方各加「」，分别代表分子分母。另一种说法，以分数表示时，横线上下的「」是用来与「 – 」区别的符号。

德国知名科学家莱布尼兹，则认为「×」的符号，虽然使用普遍，却容易和代表未知数的「X」混淆，所以他主张采用「⌃」符号来代替。他还主张以「：」替代「÷」的符号，不过这两种符号，迄今并未实施。

3. 小数点趣史

同学们，你们知道小数点是怎么来的吗？在很久以前，还没出现小数点，因此人们写小数的时候，如果写小数部分，就将小数部分降一格写，略小于整数部分。比如说如果要写 63.35，就写成 6335。小数的使用在中国开始的也是很早的，刘徽在《九章算术》里面就有过明确记载。这比第一个系统地使用十进分数的伊朗数学家阿尔·卡西要早 1200 年，比荷兰数学家斯蒂文所著的《论十进》早 1300 年以上。在《论十进》这本书中，欧洲人才第一次明确地阐述了小数理论。

在我国元朝的时候，刘瑾在《律吕成书》中提出了世界最早的小数表示法，他把小数部分降低一格来表示。

16 世纪，德国数学家鲁道夫用一条竖线来隔开整数部分和小数部分，比如说 257.36 表示成 257|36。

17 世纪，英国数学家耐普尔采用一个逗号"，"来作为整数部分和小数部分的分界点，比如 17.2 记作是 17，2。这样写容易和文字叙述中的逗号相混淆，但是当时还没有发现更好的方法。

在 17 世纪后期，印度数学家研究分数时，首先使用小圆点"·"来隔开整数部分和小数部分，直到这个时候，小数点才算是真正诞生了。

但是，同学们，你们知道吗？直到现在世界各国的小数点的写法位置还不是完全一样的。现在世界上小数点的写法主要有两种：中国、美国的小数点写在整数和小数两部分中间偏下位置，即个位的右下方，但是英国的小数点则写在两部分中间，比如 2.5 写成 2·5。

循环小数于 17 世纪才出现，最早研究它的是英国沃利斯。现代用的循环小数符号是否他创用的还有待进一步查证。

我们再来说说小数点的重要性。1967 年 8 月 23 日，前苏联著名宇航员费拉迪米尔·科马洛夫一人驾驶着"联盟一号"宇宙飞船胜利返航。此时此刻，全国电视观众都在观看宇宙飞船的返航实况。当飞船返回大气层后，科马洛夫无论怎么操作也无法使降落伞打开以减慢飞船的飞行速度。地面指挥中心采取了一切可能的措施帮助排除故障，但都无济于事。经请示最高权力部门，决定将实况向全国人民公布。电视台的播音员以沉重的语调宣布："联盟一号"飞船由于无法排除故障，不能减速，两小时后将在着落基地附进坠落，宇航英雄科马洛夫将遇难。

时间一分一秒过去了，永别的时刻到了——飞船坠落，电视图像消失，整个苏联一片肃静，人们纷纷走向街头，向着飞船坠落的地方默默悼哀！

同学们，你们是否被这悲壮的场面所感染？当时的一切，就是因为地面检查时，忽略了一个小数点。

同学们，让我们记住这一个小数点造成的大悲剧吧！我们在数学中，不能有半点的疏忽，不然就要酿成严重的后果。

4. 等号与不等号

为了表示等量关系，用"="表示"相等"，这是大家最熟悉的一个符号了。

说来话长，在 15、16 世纪的数学书中，还用单词代表两个量的相等关系。例如在当时一些公式里，常常写着 aequ 或 aequaliter 这种单词，其含义是"相等"的意思。

1557 年，英国数学家列科尔德，在其论文《智慧的磨刀石》中说："为了避免枯燥地重复 isaequalleto（等于）这个单词，我认真地比较了许多的图形和记号，觉得世界上再也没有比两条平行而又等长的线段，意义更相同了"。

于是，列科尔德有创见性地用两条平行且相等的线段"="表示"相等"，"="叫做等号。

用"="替换了单词表示相等是数学上的一个进步。由于受当时历史条件的限制，列科尔德发明的等号，并没有马上为大家所采用。历史上也有人用其他符号表示过相等，例如数学家笛卡儿在 1637 年出版的《几何学》一书中，曾用"∞"表示过"相等"。

直到 17 世纪，德国的数学家莱布尼兹，在各种场合下大力倡导使用"="，由于他在数学界颇负盛名，等号渐渐被世人所公认。

顺便提一下，"≠"是表示"不相等"关系的符号，叫做不等号。"≠"和"="的意义相反，在数学里也是经常用到的，例如 $a + 1 \neq a + 5$。

我们小学常用的不等号叫做严格不等号，就是我们都熟悉的">"（大于号）、"<"（小于号）。大于号和小于号是 1631 年英国数学家哈利奥特首先创用的。

5. 括号趣史

没有内容的括号在数学中只有四种：①括号（或圆括号）"（ ）"；

②中括号（或方括号）"[ ]"；③大括号（或花括号）┊┊；④线括号"——"。

小括号"（ ）"的创用者是 1608 年的德国数学家克拉维斯；中括号"[ ]"、大括号（或花括号）┊┊；线括号"——"的创用人是 1591 年法国数学家韦达。

数学故事——小括号作用大

一天，小括号从符号星球来到地球上，一不小心，陷入了"困境"——李刚的语文书里。

小括号忽然听到朗朗的读书声，猛地一抬头，如金龙出水。由于过度的兴奋，他定睛一看，"咦！现在怎么已经到了复习阶段了？"突然，李刚打开书，看见了正呆呆看着黑板的小括号。

"你是谁？"，李刚惊奇而又小声地问。

"我、我、我…..我是从另一个星球上来的，想来看看我在地球上有什么作用，那个星球的人都说我是无能王。我想在这找点惊喜给他们带回去，让他们知道我并不是无能的。"

突然，老师说："请用小括号划出重点词，用方括号划出多音字。"

李刚高兴地对小括号说："你的作用来了！"

"什么，我的作用来了？"小括号喜出望外。小括号露出了快乐的笑容，想不到我的作用这么大，能帮助你们做复习的工具，我终于不用当"无能王"了！

"对呀！你的作用确实很大！不仅能帮我们作为复习时的工具，而且还能帮我们作为数学上的好助手！"李刚笑嘻嘻地说。

于是李刚又翻开了数学书，对小括号说："书上的这道题86-32-28有了你的帮助就能很快算出答案，快过来瞧瞧！是这样的，86-32-28=86-（32+28）=86-60=26，其实你的功能也很大，是不是在括号王国里没有显示出来？"

"嗯！我就是没有把我的功能显示出来，但我现在发现我的功能越来越强大了，心情舒畅多了！"小括号又惊又喜地说。

"我再给你出道题，把你的功能加深一点。"

"好嘞！"小括号高兴地说。

"你瞧！ 6×8-4=44，6×（8-4）=24，而有了你的加入，结果就不

同了。你的加入使计算的顺序发生变化，取得了优先权。"

"谢谢李刚，现在我要走了！"小括号恋恋不舍地说。

"如果有时间，就常来地球做客！我们会热情地招待你的！再见！"

乘法"九九表"的由来

乘法口诀是中国古代筹算中进行乘法、除法、开方等运算的基本计算规则，沿用至今已有两千多年。又称九九表、九九歌、九因歌、九九乘法表。

《管子·轻重》云："滤戏作造六峜以迎阴阳，作九九之数以合天道。"《韩诗外传》云："齐桓公设庭宴燎，待人士不至，有以九九见者。"古时的乘法口诀，是自上而下，从"九九八十一"还是，至"一一如一"止，它的顺序与后事相反。古人用乘法口诀开始的两个字"九九"作为此口诀的名称，所以称九九乘法表。

《九九乘法歌诀》，又常称为"小九九"。现在学生学的"小九九"口诀，是从"一一得一"开始，到"九九八十一"止，而在古代，却是倒过来，从"九九八十一"起，到"一一如一"止。因为

一一得一	一二得（ ）	一三得（ ）	一四得（ ）	一五得（ ）	一六得（ ）	一七得（ ）	一八得（ ）	一九得（ ）
一二得二	二二得四	二三得（ ）	二四得（ ）	二五（ ）	二六（ ）	二七（ ）	二八（ ）	二九（ ）
一三得三	二三得六	三三得九	三四（ ）	三五（ ）	三六（ ）	三七（ ）	三八（ ）	三九（ ）
一四得四	二四得八	三四十二	四四十六	四五（ ）	四六（ ）	四七（ ）	四八（ ）	四九（ ）
一五得五	二五一十	三五十五	四五二十	五五二十五	五六（ ）	五七（ ）	五八（ ）	五九（ ）
一六得六	二六十二	三六十八	四六二十四	五六三十	六六三十六	六七（ ）	六八（ ）	六九（ ）
一七得七	二七十四	三七二十一	四七二十八	五七三十五	六七四十二	七七四十九	七八（ ）	七九（ ）
一八得八	二八十六	三八二十四	四八三十二	五八四十	六八四十八	七八五十六	八八六十四	八九（ ）
一九得九	二九十八	三九二十七	四九三十六	五九四十五	六九五十四	七九六十三	八九七十二	九九八十一

第四章 运算趣史

口诀开头两个字是"九九"，所以，人们就把它简称为"九九"。大约到 13、14 世纪的时候才倒过来像现在这样"一一得一……九九八十一"。

4.1 十进位值制

十进制，英文名称为 Decimal System，来源于希腊文 Decem，意为十。十进制计数是由印度教教徒在 1500 年前发明的，有阿拉伯人传承至 11 世纪。

十进制基于位进制和十进位两条原则，即所有的数字都用 10 个基本的符号表示，满十进一，同时同一个符号在不同位置上所表示的数值不同，符号的位置非常重要。基本符号是 0 到 9 十个数字。要表示这十个数的 10 倍，就将这些数字左移一位，用 0 补上空位，即 10，20，30……90；要表示这十个数的 10 倍，就继续左移数字的位置，即 100，200，300……要表示一个数的 1/10，就右移这个数的位置，需要时就 0 补上空位：1/10 位 0.1，1/100 为 0.01，1/1000 为 0.001。

1. 十进制在中国

首先，人们日常生活中所不可或离的十进位值制，就是中国的一大发明。至迟在商代时，中国已采用了十进位值制。从现已发现的商代陶文和甲骨文中，可以看到当时已能够用一、二、三、四、五、六、七、八、九、十、百、千、万等十三个数字，记十万以内的任何自然数。这些记数文字的形状，在后世虽有所变化而成为当今的写法，但记数方法却从没有中断，一直被沿袭，并日趋完善。十进位值制的记数法是古代世界中最先进、科学的记数法，对世界科学和文化的发展有着不可估量的作用。正如李约瑟所说的："如果没有这种十进位制，就不可能出现我们现在这个统一化的世界了。"

2. 十进制在国外

古巴比仑的记数法虽有位值制的意义，但它采用的是六十进位的，计算非常繁琐。古埃及的数字从一到十只有两个数字符号，从一百到一千万有四个数字符号，而且这些符号都是象形的，如用一只鸟表示十万。古希腊由于几何发达，因而轻视计算，记数方法落后，是用全部希腊字母来表示一到一万的数字，字母不够就用加符号" ' "等的方法来补充。古罗马采用的是累积法，如用 ccc 表示 300。印度古代既有用字母表示，又有用累积法，到公元七世纪时方采用十进位值制，很可能受到中国的影响。现通用的印度——阿拉伯数码和记数法，大约在十世纪时才传到欧洲。

3. 十进制的发展

在计算数学方面，中国大约在商周时期已经有了四则运算，到春秋战国时期整数和分数的四则运算已相当完备。其中，出现于春秋时期的正整数乘法歌诀"九九歌"，堪称是先进的十进位记数法与简明的中国语言文字相结合之结晶，这是任何其他记数法和语言文字所无法产生的。从此，"九九歌"成为数学的普及和发展最基本的基础之一，一直延续至今。其变化只是古代的"九九歌"从"九九八十一"开始，到"二二如四"止，而是由"一一如一"到"九九八十一"。

4. 十进制的使用

《卜辞》中记载说，商代的人们已经学会用一、二、三、四、五、六、七、八、九、十、百、千、万这13个单字记十万以内的任何数字，但是现在能够证实的当时最大的数字是三万。甲骨卜辞中还有奇数、偶数和倍数的概念。

十进位位值制记数法包括十进位和位值制两条原则，"十进"即满十进一；"位值"则是同一个数位在不同的位置上所表示的数值也就不同，如三位数"111"，右边的"1"在个位上表示1个一，中间的"1"在十位上就表示1个十，左边的"1"在百位上则表示1个百。这样，就使极为困难的整数表示和演算变得如此简便易行，以至于人们往往忽略它对数学发展所起的关键作用。

我们有个成语叫"屈指可数"，说明古代人数数确实是离不开手指的，而一般人的手指恰好有十个。因此十进制的使用似乎应该是极其自然的事。但实际情况并不尽然。在文明古国巴比伦使用的是60进位制（这一进位制到今仍留有痕迹，如一分=60秒等）另外还有采用二十进位制的。古代埃及倒是很早就用10进位制，但他们却不知道位值制。所谓位值制就是一个数码表示什么数，要看它所在的位置而定。位值制是千百年来人类智慧的结晶。零是位值制记数法的精要所在。但它的出现却并非易事。我国是最早使用十进制记数法，且认识到进位制的国家。

十进制是中国人民的一项杰出创造，在世界数学史上有重要意义。

著名的英国科学史学家李约瑟教授曾对中国商代记数法予以很高的评价，"如果没有这种十进制，就几乎不可能出现我们现在这个统一化的世界了"，李约瑟说"总的说来，商代的数字系统比同一时代的古巴比伦和古埃及更为先进更为科学"。

4.2 其他进位制

1. 二进位制计数法

二进位制记数法被认为是最古老的记数法。它出现在人们还没有用手指计算的时候，也就是在一只手是低级单位，一双手和一双脚是高级单位之前的时候。人们用手指计算，就使各种计数法创造出来。简单地说"二进制计数法"就是"逢二进一，借一还二"，计算机里要用它。

2. 五进位制计数法

五进位制记数法认为是手指计数法中最古老的，据推测很早起源于美国，当人们会用一只手上的手指进行计算时所创立，并且得到了很充分的推广。使用五进位制法，每当一只手上的全部手指被用光，一些外部的记号就开始产生。

3. 六十进制计数法

"六十进制计数法"就是"逢六十进一，借一还六十"，六十进制是以60为基数的进位制，源于公元前3世纪的古闪族，后传至巴比伦，流传至今仍用作纪录时间、角度和地理坐标。其他文明也有使用六十进制，如西新几内亚的 Ekagi 族。

与其他进位制不同，六十进制在一般运算和逻辑中并不常用，主要用于计算角度、地理坐标和时间。

第五章　图形趣史

　　一小时相等于 60 分钟，而一分钟则为 60 秒。相类似的是角度，一个圆形被均分成 360 度，每一度有 60 角分，一角分等于 60 角秒。在农历中，有六十甲子的概念，以天干与地支两者经一定的组合方式搭配成六十对，为一个周期。

5.1 图形概念起源

　　图形的起源是伴随着人类产生而产生的。当人类祖先在他们居住的洞穴和壁岩上作画时，图形就成为了联络信息，表达感情和意识的媒介。

　　这一点贯穿于图形从产生到今天的每个时期和阶段。

　　图形的发展可以说与人类社会的历史发展息息相关。早在原始社会，人类就开始以图画为手段，记录自己的思想、活动、成就，表达自己的情感，进行沟通和交流。当时绘画的目的并非是为了欣赏美，而具有表情达意的作用，被作为一种沟通交流的媒介，这就成为最原始意义上的图形。

　　在人类社会的言语期与文字期中间其实还存在着一个图形期，如法国南部的洞穴艺术，据推测，洞穴中的图形要比埃及

和中国的象形文字早 3 万多年。那时的人们为了在生产劳动和社会活动中进行信息传递，设计了许多图画标记，以视觉符号的方式表达思想，并逐渐进行改良简化、相互统一，使它日趋完美。在北美洲印第安人的岩洞壁画当中，我们可以看到非常简练、具有标志化特征的图形符号。

随着社会的进一步发展，图形标志也逐渐统一和完善起来，这时，文字产生了。文字的出现使信息可以跨越时间、空间进行广泛而准确地传播，使人类的文明得以传承和发展。大约在公元前 3000 年，两河流域的苏美尔人就创造了利用木片在湿泥板上刻画的所谓"楔形文字"，基本属于象形文字。我国的中文汉字也是源于图画的象形文字，早在新石器时代的一些陶器上，已经出现了类似文字的图形，如：日、月、水、雨、木、犬等等，与其代表的物象非常相似。古埃及也发明了以图画为核心的象形文字，这是原始图形向文字发展的一次质的飞跃。随后，单纯的象形文字逐渐不能满足人类日益发展的物质文化需要，为表现更广泛、更抽象的含义，人们开始采用表音、表意等其他手法来创造更多内容的文字，形成了自己独立的文化体系。

与此同时，图形的发展空间却更加扩展了，各种标识、标记、符号、图样的产生，丰富了图形的内容。从西班牙古代摩尔人留下的建筑和镶嵌图案中，我们可以看到许多"虚实相生"的图样。中国的"太极图"是流传至今的典范图形。在我国民间还出现了多种多样、形式丰富的吉祥图形，如：双喜、四喜、连年有余、五福捧寿……印刷术和造纸术的发明更给现代图形带来了广阔的天地，使其真正实现表述信息的广泛传播。

19 世纪末 20 世纪初，现代立体派绘画大师毕加索创作的《和平的面容》利用同构手法将和平的概念体现得淋漓尽致，而同处一个时代的荷兰著名版画家埃舍尔更是对绘画的可能性作了大量地探索，以极大的兴趣研究和再现交错型图形，使一些语言无法表现的思想得以再现，创作了许多"智力图像"，如：曲面带、魔镜、天与水、昼与夜、瀑布、上升与下降等，对形态虚实的共存互换、平面和立体的空间转化、变形与写实的交错语言等形象进行了创造，扩展了视觉艺术的表现空间，表现出埃舍尔特有的视像思维的才能。

图形以其独特的想象力、创造力以及超现实的自由创造，在版面设计中展现着独特的视 觉魅力。在国外，图形设计已成为一种专门的职业，图形设计师的地位已伴随着图形的表达方式所引起的社会作用，日益被人们所认可。20 世纪中期，世界各国涌现出许多杰出的图形设计大师，如日本的福田繁雄、德国的视觉诗人冈特兰堡等等，他们的作品充满了智慧、促进了视觉语言的多元化发展，

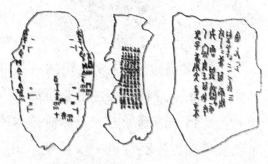

图形的历史进程大致分为三个阶段。

第一个阶段：远古时期人类的象形记事性原始图画为原始人的图画式符号是图形的原始形式，也是文字的雏形。

第二个阶段：有一部分图画式符号演变而形成文字。图画式符号与记事性图画的区别在于其形象的抽象性更强，更为简化。当记享性图画在实用中不断简化就形成了图画文字。

第三个阶段：为文字产生后带来的图形发展。文字这一视觉传达形式使人类的沟通和交往更加密切，而能综合复杂信息内容且又极易

甲骨文　　金文　　小篆　　楷体　　楷体

甲骨文　　金文　　小篆　　隶书　　楷书　　行书

被领会的图形形式更为人类所重视和利用。

图形的发展经历了三次重大革命。

第一次革命是原始符号演变成为文字。文字的出现使符号具有了

第三次革命始于 19 世纪的科技和工业的变革，最具代表性的是摄影的发明和由此带来的制版方式及印刷技术的革新。传播的广泛性进一步扩展，图形真正成为了一种世界性语言。今天的电子技术等高科技使图形传播超越了时间的局限和空间的距离，传播的速度飞快，

而范围已达世界的每一个地区，信息受众已为每一个人。

5.2 几何的由来与发展

几何起源，从平分土地面积谈起。

从前，一位老农民有两个儿子，他看着自己年事已高，担心自己百年之后，两个儿子为争遗产而不合，想着如何把自己的家业分给两个儿子。农民的家业是一块形状是平行四边形的土地，并且在地里有一口井，井的位置不在地的中间。如图 1 所示。

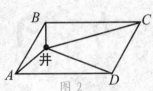

图1

老人想：井不能分，两家可以共用，但地最好要平分. 老人想了很长时间，终于想出了一个办法：他将水井与地的四角分别相连，将地分为四块，每个儿子拿面对面的两块。（如图 2）

图 2

老人把自己的想法告诉两个儿子，儿子都赞成。于是，大儿子就拿长边 BC 和 AD 上的两块，小儿子拿短边 AB 和 DC 上的两块。请问两个儿子拿到的地一样多吗？

如果设平行四边形的底边为 a，高为 h，那么地的总面积是 $S = a \times h$。设水井 O 到线段 BC 的距离为 x，则 O 到线段 AD 的距离为 $h - x$。所以大儿子分到的两小块土地的面积之和是：

$$【a \times x + a \times (h - x)】\div 2 = a \times h \div 2 = S \div 2$$

不多不少，刚好一半，所以答案是两人分到的地一样多。

这个故事很有趣味，看似简单，但其中蕴涵着图形的特征。有的同学可能会想，如果把平行四边形换成一般的四边形（如图 3）行吗？图形中的对边不相等，得不出上面的结论。但是，如果稍微改变一下思路，可以得到和上面类似的结论。

图 3

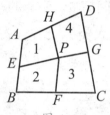

图 4

如图 4，设四边形 ABCD 是任意凸四边形，四边 AB、BC、CD、DA 的中点分别是 E、F、G、H，P 是四边形 ABCD 内任意一点，连接 PE、PF、PG、PH，将四边形分成四部分，为便于说明，我们分别将它们记为 1、2、3、4，其面积相应地记为 S_1、S_2、S_3、S_4。那么等式 $S_1 + S_3 = S_2 + S_4$ 一定成立。

这个结论和上面的结论相类似，斜对面两块的面积和相等。下面我们来说明理由，如图 5，连接 PA、PB、PC、PD。

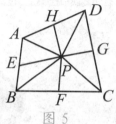

图 5

因为 E 是 AB 的中点，所以 △PAE 与 △PBE 的底边 AE 和 BE 相等，高又相等。因而这两个三角形的面积相等，即 $S_{\triangle PAE} = S_{\triangle PBE}$。

同理可以说明 $S\triangle PBF = S\triangle PCF$，$S\triangle PCG = S\triangle PDG$，$S\triangle PDH = S\triangle PAH$，由此可以得到

$$S_1 + S_3 = S\triangle PAE + S\triangle PAH + S\triangle PCG + S\triangle PCF$$
$$= S\triangle PBE + S\triangle PDH + S\triangle PBF + S\triangle PDG$$
$$= S_2 + S_4$$

你可能会感慨：太奇妙了！进一步探讨下去，可以思考凸六边形是否可以得到类似的结论。如果你有兴趣，不妨试一试。

数学除了研究"数量关系"之外，还研究"空间形式"。"形"的历史与"数"的历史一样古老，可以追溯到公元前2000年左右甚至更远。

恩格斯曾经指出："数学是从计算时间和制造器皿产生的。"如果说计算时间需要"数"的概念，那么制造器皿则有赖于"形"的意识。这种也许跟人类历史一样古老的"形的意识"，在远古时期就被清晰地表现出来。古埃及在奇阿普斯王朝（公元前2900年左右）时代建造起来的金字塔便是一个典型的例证，其塔基是一个"标准"的正方形，各边的误差不超过万分之六。古巴比伦（约公元前2200年）的一块泥板载有一幅表示15块兔子的平面图，其中7块为直角三角形，4块为长方形，另外4块则为直角梯形。

在我国甘肃景泰县张家台出土的彩陶罐（新石器时代，约公元前2000年左右）上发现了大量的几何图形，如平行线、三角形、正方形、圆弧和圆；在我国西安半坡遗址中，发现了圆、正方形的房屋地基；在我国龙山文化（新石器时代）遗址的考古过程中，发现一些陶片上绘有方格、米字、椒眼、回字和席文等几何图案。

其实，几何起源于人们"形"的意识、"度量"的意识和"机构"的意识。人们反复感受到自然界中某些物体的较为稳定的形状（如太阳、月亮的圆）之后，慢慢地把这些"形"留在了他们的记忆之中并在劳动中加以运用。"度量"的意识产生于人类的实践活动，人们在无数次的奔波往来之中，为了发现最短的道路，渐渐的产生了"直线"的概念；再有，"点"的概念在拉丁文 Pungo 中就是一个实践性概念，意为"刺""触"。另外，人类的一个重要实践活动是"测量"活动。起初，人们借助于人身体的各个部位做一些简单的测量。例如：为了测量长度，成年男子的步子被当做通行的测量单位，而且这种做法保留至今。除此之外，手指的宽度、关节的长度等都曾被用作测量单位，中医寻找穴位则使用指宽来定位。拉丁文 Geometry 的原意为"测地术"，中国古代试用的词语"几何"意为"多少"，与测量活动也是密切相关的。尽管古人的这种"测量"活动是比较粗浅的，甚至是无意识的、本能的行为，但却为人类"度量"意识的产生奠定了重要的基础。几何中的"结构"意识，在人类活动的初期，其表现的特征是简单的模仿和比照。如太阳从地平线上升起，也许是圆与直线位置关系的自然原型。

总之，几何起源于人类"形"的意识、"度量"的意识和"结构"的意识，而这些意识来自于人类的自然界的感受和体验，来自于人类适应自然、改造自然的实践活动。简而言之，几何起源于人类的实践活动。

5.3 面积

物体的表面或围成的平面图形的大小，叫做它们的面积。面积就是所占平面图形的大小，面积单位：平方米，平方分米，平方厘米，是公认的，用字母可以表示为（ m^2，dm^2，cm^2 ）。

面积的概念很早就形成了。在古代埃及，尼罗河每年泛滥一次，洪水给两岸带来了肥沃的淤泥，但也抹掉了田地之间的界限标志。水退了，人们要重新划出田地的界限，就必须丈量和计算田地，于是逐渐有了面积的概念。在数学上是这样来研究面积问题的：首先规定边长为 1 的正方形的面积为 1，并将其作为不证自明的公理。然后用这样的所谓单位正方形来度量其他平面几何图形。较为简单的正方形和长方形的面积是很容易得到的，利用割补法可以把平行四边形的面积问题转化为长方形的面积问题，进而又可以得到三角形的面积。于是多边形的面积就可以转化为若干三角形的面积。"

大家一定很熟悉圆的面积公式，即 πr^2，其中 r 是圆的半径，但得到这个公式却不是很容易的，实际上圆面积的严格定义要用到极限的概念。对面积的深入研究导致了近代测度理论的诞生和发展。

现行小学教材是这样定义的："物体的表面或围成的平面图形的大小，叫做它们的面积。"

定义中的"平面图形"这一概念因对"图形"的内涵作了"平面"的限定而使它的外延变小，包容不够。比如，对于一个国家而言，它的面积是用边界线在地球这一球形"物体的表面""围成"的具有一定大小的一个图形，但它不是"平面"的；一个圆柱体，它的侧面只有当展开时才是"平面"，其自身状态则是曲面。由此可见，面积"是用以度量平面或曲面上一块区域大小"的量，它并不仅局限于"平面图形"。

为了避免局限与歧义，我以为面积可浅显定义为"物体的表面或围成的图形表面的大小，叫做它们的面积。"这样前后用"表面"这一概念表述，使语义首尾一致，前后协调。更重要的是，使定义语能真实揭示事物的本质属性，更合乎逻辑，因为"面"是"有长有宽没

有厚"的一种"形迹"，而这种形迹并不一定要是"平面"的。

面积是对一个平面的表面多少的测量。

1. 直线形面积

直线形面积，顾名思义，就是由直线组成的图形的面积。在小学中我们会学习到的直线形面积有：长方形面积、正方形面积、三角形面积、梯形面积。

（一）长方形面积公式为什么是"长 × 宽"

长方形的面积公式是"长 × 宽"，大家可能会觉得这是天经地义的知识。但为什么是这个公式呢？或者说，这个公式是怎么来的？是人为规定这样计算，还是有算理在其中？

"长方形的面积 = 长 × 宽"这一计算公式并非人为规定，而是蕴含了丰富的数学逻辑的算理。长方形的面积公式是基于数学推理来完成的。

首先，让我们来想一想，为什么没有一个像尺子那样方便的"面积测量工具"让我们可以直接"量"出平面图形的面积，而往往要用系列公式、算法算出来？

我们知道，在测量时要先定义一个基准单位，然后再用它去测量被测对象。比如要测量一条线段的长度，我们先定义长度为 1 个单位的线段作为基准，然后用它去测量被测线段，所得到的数量就是这条线段的长度。对于平面图形来说，基准单位是边长为 1 个单位的正方形面积，用它去测量形状各异、千变万化的其他图形则显得繁琐而困难。因此，我们需要寻找另外一条知晓平面图形的面积之路，即找到长方形的面积计算方法，然后根据图形之间联系推导出其他系列图形的面积。这样，人类的认识就从"直接感知"飞跃到了"间接认识"。

从"量"到"算"的发展，意味着知识的发生发展可以摆脱直接经验的局限，有可能成为一个独立的体系发展。对于长方形的面积来说，从"量"发展到"算"的过程是通过空间推理得到的。

如果边的长度的是整数，我们可以通过系列空间对应关系，将一维的线段长度与二维的单位面积个数之间建立量的对应关系，从而推理出长方形面积的算法。

例：求长4cm、宽3cm的长方形面积。

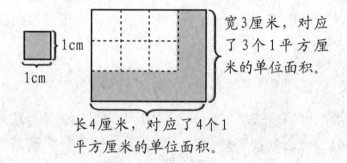

宽3厘米，对应了3个1平方厘米的单位面积。

长4厘米，对应了4个1平方厘米的单位面积。

长方形面积

 = 单位面积的个数

 = 每行个数 × 行数（每列个数 × 列数）

 = 长的厘米数 × 宽的厘米数

所以长方形面积 = 长 × 宽

（二）面积学习为什么是从长方形开始？

首先，由于面积单位是由边长为1的正方形定义而来的，长、正方形可以分解若干个边长确定的正方形，因此先学习长、正方形的面积计算比较方便。

其次，长方形的面积算法一旦确定，其他的一些基本图形，如平行四边形、三角形、梯形等的面积算法也可推导出来了：

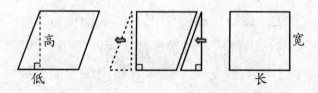

平行四边形等积变换为长方形，得：平行四边形的面积 = 底 × 高。

2 个全等的三角形可以拼成 1 个平行四边形，得：三角形的面积 = 底 × 高 ÷2。

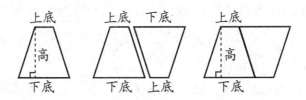

2 个全等的梯形可以拼成 1 个平行四边形，得：梯形的面积 =（上底 + 下底）× 高 ÷2。

在此基础上，任意多边形的面积通过分割成上面的几种图形后都可以求出来了。

2. 曲线形面积

曲线形面积，顾名思义，就是由曲线组成的图形的面积。在小学中我们会学习到的曲线形面积是：圆的面积。

4000 多年前修建的埃及胡夫金字塔，底座是一个正方形，占地 $52900m^2$。它的底座边长和角度计算十分准确，误差很小，可见当时测算大面积的技术水平已经很高。

圆是最重要的曲边形。古埃及人把它看成是神赐予人的神圣图形。怎样求圆的面积，是数学对人类智慧的一次考验。

也许你会想，既然正方形的面积那么容易求，我们只要想办法做出一个正方形，使它的面积恰好等于圆面积就行了。是啊，这样的确很好，但是怎样才能做出这样的正方形呢？

我国古代的数学家祖冲之，从圆内接正六边形入手，让边数成倍增加，用圆内接正多边形的面积去逼近圆面积。

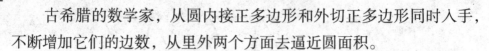

古希腊的数学家，从圆内接正多边形和外切正多边形同时入手，不断增加它们的边数，从里外两个方面去逼近圆面积。

古印度的数学家，采用类似切西瓜的办法，把圆切成许多小瓣，再把这些小瓣对接成一个长方形，用长方形的面积去代替圆面积。

众多的古代数学家煞费苦心，巧妙构思，为求圆面积作出了十分宝贵的贡献。为后人解决这个问题开辟了道路。

尽管古代巴比伦人和埃及人在丈量土地时遇到了圆面积问题，但他们并没有准确的圆面积计算公式。根据泥版 YBC7302 上的记载，圆面积和圆周长之间的关系为 $S = C \times C \div 12$。

在古希腊，求圆面积（即"化圆为方"）乃是三大几何难题之一。公元前 5 世纪，著名哲学家阿那克萨哥拉为追求真理而放弃财产，身陷囹圄，在铁窗下依然研究"化圆为方"问题，可见这个问题的魅力。著名辩士、诗人安提丰首次采用圆内接正多边形来解决"化圆为方"问题。如图 1，从圆内接正方形出发，不断倍增边数，安提丰说，当边数无限多时，圆就被化成了方，即求出了圆面积. 虽然这只是空中楼阁，但安提丰的逼近思想为后来的阿基米德所采用。

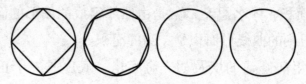

图1　安提丰的"化圆为方"方案

欧几里得在《几何原本》中给出命题：两个圆的面积之比等于它们的直径之比，但他并没有给出圆面积的计算公式。阿基米德（公元前 287 —公元前 212）最早给出圆面积的准确公式。

中国汉代数学名著《九章算术》中记载了正确的圆面积公式："半周半径相乘，得积步"即圆面积等于半周乘以半径. 这个公式怎么来的？三国时代布衣数学家刘徽给出了证明。

如图 2，圆内接正 $2n$ 边形的面积是由 n 个等形（即四边形 ADBC）组成的。刘徽说："割之弥细，所失弥少。割之又割，以至于不可割，则与圆合体，而无所失矣"。

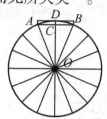

图2 圆内接$2n$边形由n个筝形组成

17 世纪誉满欧洲的天文学家和数学家开普勒在第二次婚姻的婚礼上，在思考酒桶体积算法时，首先想出了圆面积的计算方法。如图3，将圆分割成无数个顶点在圆心、高为半径的小"三角形"（其实是小扇形，但圆分得越细，小扇形越接近三角形）。将这些小"三角形"都转变成等底等高的三角形，最后，它们构成了一个直角三角形。

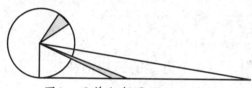

图3 开普勒求圆面积的方法

在前面我们说过，任意多边形的面积可以通过分割长方形、正方形、平行四边形、三角形、梯形来求出。而曲边形的面积则可以通过无数个长方形或三角形逼近曲边形面积，即可利用"化曲为直"的思想得到解决。

方法一：把 16 个近似的三角形都用上，可以拼成一个近似的平行四边形，如下图1。

图1   图2

这个近似的平行四边形的底相当于圆周长的一半，高相当于圆半径，因为 $\frac{c}{2}=\frac{2\pi r}{2}=\pi r$，所以平行四边形的面积 = 底 × 高 = $\pi r \times r = \pi r^2$，即：圆面积 $S=\pi r^2$。

方法二：用 16 个近似的三角形拼成一个近似的大三角形，如上图2。

这个大三角形的底相当于 $\frac{c}{4}$ ，高相当于 4r，因为 $\frac{c}{4}=\frac{2\pi r}{4}=\frac{\pi r}{2}$ ，

所以三角形的面积 = 底 × 高 ÷ 2= $\frac{\pi r}{2}\times 4r\times\frac{1}{2}=\pi r^2$ ，即：圆面积 S= πr^2 。

方法三：将 16 个近似的三角形拼成一个近似的梯形，如下图 3。

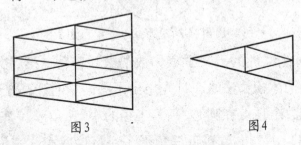

图 3　　　　　　　　　　　　　　　图 4

这个梯形的上底是 $\frac{3c}{16}$ ，下底是 $\frac{5c}{16}$ ，高是 2r，这个梯形的面积 =（上

底+下底）× 高÷2= $(\frac{3c}{16}+\frac{5c}{16})\times 2r\times\frac{1}{2}=\frac{2\pi r}{2}\times r=\pi r^2$ 。即圆面积 S= πr^2 。

方法四：可用其中 4 个近似的三角形拼成一个近似的小三角形，如上图 4。

这个三角形的面积相当于圆面积的 $\frac{4}{16}$ ，所以圆的面积是：

$\frac{2c}{16}\times 2r\times\frac{1}{2}\div\frac{4}{16}=2\times\frac{2\pi r}{16}\times 2r\times\frac{1}{2}\times\frac{16}{4}=\pi r^2$ 。

5.4 体积

体积，几何学专业术语，是物件占有多少空间的量。体积的国际单位制是立方米（m^3）。一件固体物件的体积是一个数值用以形容该物件在三维空间所占有的空间。一维空间物件（如线）及二维空间物件（如正方形）在三维空间中都是零体积的。

祖暅的我国古代南北朝时期的数学家，受父亲祖冲之的影响，他从小就热爱科学，对数学具有浓厚的兴趣，祖冲之在 462 年编制的"大明历"就是在祖暅三次建议的基础上完成的，祖暅原理是祖暅一生最有代表性的发现，意思是，夹在两个平行平面间的两个几何体，被平行于这两个平面的任意平面所截，如果截得的两个截面的面积总相等，那么这两个几何体的体积相等。"祖暅原理"是在独立研究的基础上得出的，17 世纪由意大利数学家卡瓦列里重新发现，但比祖暅晚一千余年。

球是一种完美的几何体，在中国甚至是世界古代，人们无时无刻不想探讨出球的表面积和体积的计算公式，但是最后往往都无功而返。汉代以前，人们测得直径为一寸的金球与边长为 1 寸的金立方体，其重量分别为 9 两和 16 两，由此得出两者的体积之比为 9 : 16。此结论被记载到了《九章算术》之中，但是如此粗略的估计很快就被其注释者刘徽所发现，并指明其是错误的。

《九章算术》中就认为，球体的外切圆柱体积与球体体积之比等于正方形与其内切圆面积之比。而刘徽注释的时候就指出，原书的说法是不正确的，只有"牟合方盖"（如图 1，垂直相交的两个圆柱体的共同部分的体积）与球体积之比，才正好等于正方形与其内切圆的面积之比。

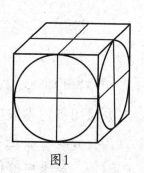

图1

"牟合方盖"，分离出来就如图2所示，从语言的角度上来说，"牟"就是相等，"盖"表示伞；从外形看，其很像上下相合的两把雨伞，故取名为"牟合方盖"。其实最早证明球体积与表面积的人可能是阿基米德，他收录了他致伊拉托尼的一封信，里面就涉及"牟合方盖"

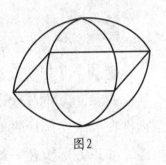

图2

这一个模型。历史学家并没有兴趣去讨论在东亚的刘徽是否曾经读过来自地中海的阿基米德的著述，但我们或许可以假设这两位古代数学家都是独立地想到同一个有趣的例题。要发挥"牟合方盖"的作用，还要知道一个原理，即"刘徽原理"：等高的两立体，在等高处各作一与底面平行的截面，其截面之比为一个常数，则此二立体体积之比也是这一常数。接着刘徽首先就是说明的是"牟合方盖"会内切一个球体，我们可以参考一下图3，而我们在图3中对圆的每一个高度的横截面横向切割，就明显地知道和下图4一样。

图3 "牟合方盖"上半部分内切一个球体的视图

图4

不过很遗憾，要求出"牟合方盖"体积的这个复杂的问题，刘徽想办法用各种木块模型去拼凑都始终没有能够拼凑出来，因为"牟合方盖"分解之后是个非常复杂的立体图形，在当时尚未出现有微积分的时候，是不可能做得出来的。刘徽没有给出"牟合方盖"的体积的计算方法，他希望后人能够解决这一个问题。等到第五、六世纪，南

朝的祖暅才发现"牟合方盖"的体积公式。

刘徽之所以没能够解决"牟合方盖"的体积问题，主要就是他不能实现截面面积的转化，"外棋"的体积求不出来。而阿基米德也是通过面积的转化（中间同样地用到了"勾股定理"）实现球体面积公式的证明。

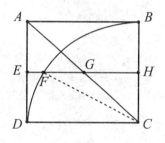

祖暅和阿基米德都有很高的数学天赋，他们成功之处在于学会将问题进行转化，这也是他们能高于常人的地方。同时，他们还运用了"微元法"，将体积看成是一片片面积的累加，并对代表微元进行分析比对。"勾股定理"刘徽不会不懂，但是他却不能用正确的方式对"牟合方盖"进行分割分解。世间万物都是有一个质变到量变的过程，当事物的影响小到可以忽略不计的时候，就可以省去，在《几何原本》中球表面积公式的推导就是如此。

数学是要有技巧和工具的，缺一不可，球体积公式推导中实际上已经有了部分的微积分思想，就表现在了"祖暅原理"。数学文化是需要传承和更新发展，祖暅是在刘徽的"牟合方盖"基础上开启自己的探索，我们祖先的智商不比外国人差，也不比现代人差，只是由于寿命有限才使得最终的贡献如此有限。我们国家的当今数学实力还不足以与法国、美国这些数学强国抗衡，今天我们祖先很多定理在世界上不能以我们祖先的名字去命名，这不得不说是很大的遗憾。我们要向法国人学习，注重知识的整理和保管，同时学习数学史还是为了发掘古人的智慧，能够启发今天的数学学习。比如说祖冲之计算圆周率

至今都没有人知道他的方法，研究数学史的人就是要去探究它们。我们现代人拥有比古代人更强大的数学工具，如果还能够加上拥有像祖暅学习那样的动力，那么我们国家的数学实力是最终能够和法国并肩的。

第六章　统计趣史

6.1 什么是统计学

统计学是关于收集和分析数据的科学和艺术。

——不列颠百科全书

统计学是应用数学的一个分支，主要通过利用概率论建立数学模型，收集所观察系统的数据，进行量化的分析、总结，并进而进行推断和预测，为相关决策提供依据和参考。它被广泛应用在各门学科之上，从物理和社会科学到人文科学，甚至被用来工商业及政府的情报决策之上。

统计学主要分为描述统计学、推断统计学和数理统计学。给定一组数据，统计学可以摘要并且描述这份数据，这个用法称作为描述统计学。观察者以数据的形态建立出一个用以解释其随机性和不确定性的数学模型，以之来推论研究中的步骤及母体，这种用法被称做推断统计学。这两种用法都可以被称作为应用统计学。用数学解释和证明推断统计的原理、方法的学问，称为数理统计学，数理统计学是专门用来讨论这门科目背后的理论基础。

在管理中需要对数据进行分析和研究，为了直观，人民发明各种报表以及直方图、扇形图等，并通过图表方式对所收集的数据进行加工处理，借以描述客观现象所呈现的规律性数量特征，这种传统意义上的统计学属于描述统计学。

这样的统计学并没有和随机性现象联系起来。大约在14世纪以后，人们开始关注数据的来源。如对全国小学生近视情况统计，是要统计

全国所有的小学生，还是抽一部分学生情况推断出来呢？如果依据部分学生推断出来，就涉及"由部分推断整体"的问题。由于部分的资料不完备，推断的答案就是不确定的。这样一来，统计学就成为一种不确定的随机现象了。这样由样本数据去推断总体数量特征就是推断统计学。

6.2 统计学的发展史

统计学的英文 statistics 最早是源于现代拉丁文 statisticum collegium （国会）以及意大利文 statista （国民或政治家）。德文 Statistik，最早是由（Gottfried Achenwall1749）所使用，代表对国家的资料进行分析的学问，也就是"研究国家的科学"。在十九世纪统计学在广泛的数据以及资料中探究其意义，并且由（John Sinclair）引进到英语世界。

统计学是一门很古老的科学，一般认为其学理研究始于古希腊的亚里士多德时代，迄今已有两千三百多年的历史。它起源于研究社会经济问题，在两千多年的发展过程中，统计学至少经历了"城邦政情"，"政治算数"和"统计分析科学"三个发展阶段。所谓"数理统计"并非独立于统计学的新学科，确切地说它是统计学在第三个发展阶段所形成的所有收集和分析数据的新方法的一个综合性名词。概率论是数理统计方法的理论基础，但是它不属于统计学的范畴，而属于数学的范畴。

统计学的发展过程的三个阶段

第一阶段称之为"城邦政情"（Matters of state）阶段

"城邦政情"阶段始于古希腊的亚里士多德撰写"城邦政情"或"城邦纪要"。他一共撰写了一百五十余种纪要，其内容包括各城邦的历史、行政、科学、艺术、人口、资源和财富等社会和经济情况的比较、分析，具有社会科学特点。"城邦政情"式的统计研究延续了一两千年，直至十七世纪中叶才逐渐被"政治算数"这个名词所替代，并且很快被演化为"统计学"（Statistics）。统计学依然保留了城邦（state）这个词根。

第二阶段称之为"政治算数"（Politcal arthmetic）阶段

与"城邦政情"阶段没有很明显的分界点，本质的差别也不大。

"政治算数"的特点是统计方法与数学计算和推理方法开始结合。分析社会经济问题的方式更加注重运用定量分析方法。

1690年英国威廉·佩第出版（政治算数）一书作为这个阶段的起始标志。

威廉·佩第用数字，重量和尺度将社会经济现象数量化的方法是近代统计学的重要特征。因此，威廉·佩第的（政治算数）被后来的学者评价为近代统计学的来源，威廉·佩第本人也被评价为近代统计学之父。

第三阶段称之为"统计分析科学"（Science of statistical analysis）阶段

在"政治算数"阶段出现的统计与数学的结合趋势逐渐发展形成了"统计分析科学"。

十九世纪末，欧洲大学开设的"国情纪要"或"政治算数"等课程名称逐渐消失，代之而起的是"统计分析科学"课程。

"统计分析科学"课程的出现是现代统计发展阶段的开端。1908年，"学生"氏（William Sleey Gosset的笔名Student）发表了关于t分布的论文，这是一篇在统计学发展史上划时代的文章。它创立了小样本代替大样本的方法，开创了统计学的新纪元。

现代统计学的代表人物首推比利时统计学家奎特莱（Adolphe Quelet），他将统计分析科学广泛应用于社会科学，自然科学和工程技术科学领域，因为他深信统计学是可以用于研究任何科学的一般研究方法。

现代统计学的理论基础概率论始于研究赌博的机遇问题，大约开始于1477年。数学家为了解释支配机遇的一般法则进行了长期的研究，逐渐形成了概率论理论框架。在概率论进一步发展的基础上，到十九世纪初，数学家们逐渐建立了观察误差理论，正态分布理论和最小平方法则。于是，现代统计方法便有了比较坚实的理论基础。

6.3 统计学历史中的重要学派

3.1 18—19世纪——统计学的创立和发展。

（1）国势学派

国势学派又称记述学派，产生于17世纪的德国。由于该学派主要以文字记述国家的显著事项，故称记术学派。其主要代表人物是海尔曼·康令和阿亨华尔、康令第一个在德国黑尔姆斯太特大学以"国势学"为题讲授政治活动家应具备的知识。阿亨华尔在格丁根大学开设"国家学"课程，其主要著作是《近代欧洲各国国势学纲要》，书中讲述"一国或多数国家的显著事项"，主要用对比分析的方法研究了解国家组织、领土、人口、资源财富和国情国力，比较了各国实力的强弱，为德国的君主政体服务。因在外文中"国势"与"统计"词义相通，后来正式命名为"统计学"。该学派在进行国势比较分析中，偏重事物性质的解释，而不注重数量对比和数量计算，但却为统计学的发展奠定了经济理论基础。但随着资本主义市场经济的发展，对事物量的计算和分析显得越来越重要，该学派后来发生了分裂，分化为图表学派和比较学派。

（2）政治算术学派

政治算术学派产生于19世纪中叶的英国，创始人是威廉·配第（1623–1687），其代表作是他于1676年完成的《政治算术》一书。这里的"政治"是指政治经济学，"算术"是指统计方法。在这部书中，他利用实际资料，运用数字、重量和尺度等统计方法对英国、法国和荷兰三国的国情国力，作了系统的数量对比分析，从而为统计学的形成和发展奠定了方法论基础。因此马克思说："威廉·佩第——政治经济学之父，在某种程度上也是统计学的创始人。"

政治算术学派的另一个代表人物是约翰·格朗特（1620-1674）。他以 1604 年伦敦教会每周一次发表的"死亡公报"为研究资料，在 1662 年发表了《关于死亡公报的自然和政治观察》的论著。书中分析了 60 年来伦敦居民死亡的原因及人口变动的关系，首次提出通过大量观察，可以发现新生儿性别比例具有稳定性和不同死因的比例等人口规律；并且第一次编制了"生命表"，对死亡率与人口寿命作了分析，从而引起了普遍的关注。他的研究清楚地表明了统计学作为国家管理工具的重要作用。

（3）数理统计学派

在 18 世纪，由于概率理论日益成熟，为统计学的发展奠定了基础。19 世纪中叶，把概率论引进统计学而形成数理学派。其奠基人是比利时的阿道夫·凯特勒（1796-1874），其主要著作有：《论人类》《概率论书简》《社会制度》和《社会物理学》等。他主张用研究自然科学的方法研究社会现象，正式把古典概率论引进统计学，使统计学进入一个新的发展阶段。由于历史的局限性，凯特勒在研究过程中混淆了自然现象和本质区别，对犯罪、道德等社会问题，用研究自然现象的观点和方法作出一些机械的、庸俗化的解释。但是，他把概率论引入统计学，使统计学在"政治算术"所建立的"算术"方法的基础上，在准确化道路上大大跨进了一步，为数理统计学的形成与发展奠定了基础。

（4）社会统计学派

社会统计学派产生于 19 世纪后半叶，创始人是德国经济学家、统计学家克尼斯（1821-1889），主要代表人物主要有恩格尔（1821-1896）、梅尔（1841-1925）等人。他们融合了国势学派与政治算术学派的观点，沿着凯特勒的"基本统计理论"向前发展，但在学科性质上认为统计学是一门社会科学，是研究社会现象变动原因和规律性的实质性科学，以此同数理统计学派通用方法相对立。社会统计学派在研究对象上认为统计学是研究体而不是个别现象，而且认为由于社会现象的复杂性和整体性，必须总体进行大量观察和分析，研究其内在联系，才能揭示现象内在规律。这是社会统计学派的"实质性科学"的显著特点。

3.2 20世纪——迅速发展的统计学

20世纪初以来，科学技术迅猛发展，社会发生了巨大变化，统计学进入了快速发展时期。归纳起来有以下几个方面。

1. 由记述统计向推断统计发展。记述统计是对所搜集的大量数据资料进行加工整理、综合概括，通过图示、列表和数字，如编制次数分布表、绘制直方图、计算各种特征数等，对资料进行分析和描述。而推断统计，则是在搜集、整理观测的样本数据基础上，对有关总体作出推断。其特点是根据带随机性的观测样本数据以及问题的条件和假定（模型），而对未知事物作出的，以概率形式表述的推断。目前，西方国家所指的科学统计方法，主要就是指推断统计来说的。

2. 由社会、经济统计向多分支学科发展。在20世纪以前，统计学的领域主要是人口统计、生命统计、社会统计和经济统计。随着社会、经济和科学技术的发展，到今天，统计的范畴已覆盖了社会生活的一切领域，几乎无所不包，成为通用的方法论科学。它被广泛用于研究社会和自然界的各个方面，并发展成为有着许多分支学科的科学。

3. 统计预测和决策科学的发展。传统的统计是对已经发生和正在发生的事物进行统计，提供统计资料和数据。20世纪30年代以来，特

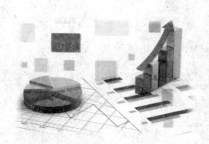

别是第二次世界大战以来，由于经济、社会、军事等方面的客观需要，统计预测和统计决策科学有了很大发展，使统计走出了传统的领域而被赋予新的意义和使命。

4. 信息论、控制论、系统论与统计学的相互渗透和结合，使统计科学进一步得到发展和日趋完善。信息论、控制论、系统论在许多基本概念、基本思想、基本方法等方面有着共同之处，三者从不同角度、侧面提出了解决共同问题的方法和原则。三论的创立和发展，彻底改变了世界的科学图景和科学家的思维方式，也使统计科学和统计工作从中吸取了营养，拓宽了视野，丰富了内容，出现了新的发展趋势。

5. 计算技术和一系列新技术、新方法在统计领域不断得到开发和应用。近几十年间，计算机技术不断发展，使统计数据的搜集、处理、分析、存贮、传递、印制等过程日益现代化，提高了统计工作的效能。计算机技术的发展，日益扩大了传统的和先进的统计技术的应用领域，促使统计科学和统计工作发生了革命性的变化。如今，计算机科学已经成为统计科学不可分割组成部分。随着科学技术的发展，统计理论和实践深度和广度方面也不断发展。

6. 统计在现代化管理和社会生活中的地位日益重要。随着社会、经济和科学技术的发展，统计在现代化国家管理和企业管理中的地位，在社会生活中的地位，越来越重要了。人们的日常生活和一切社会生活都离不开统计。英国统计学家哈斯利特说："统计方法的应用是这样普遍，在我们的生活和习惯中，统计的影响是这样巨大，以致统计的重要性无论怎样强调也不过分。"甚至有的科学有还把我们的时代叫做"统计时代"。显然，20 世纪统计科学的发展及其未来，已经被赋予了划时代的意义。

6.4 统计的应用

1. 统计在文学著作权中的应用

我们比较关注的一个问题，《红楼梦》前 80 回和后 40 回是一个人所作，也就是文学著作权的问题。乍一想，感觉这个事情跟统计没有太大的关系，但经过思考觉得也是有联系的。对《红楼梦》的前 80 回和后 40 回的某些东西进行了统计，发现有不同。在前 80 回中有很多下人丫鬟，他们的自称都是"小的"，而在后 40 回里就不再自称为"小的"了，这就是有一定的理由认为是不同的人写的。

当然，我们也可以看到，统计推断跟确定性的事物不太一样，并不是说没一定就能通过判定得出是不同人写的结论，但最起码统计提供了一个依据，提供了一个思路。所以统计实际上为别的学科的研究方法提供了一个新的思路。

2. 统计与考古——通过分析款式的特征确定文物的相对年代

考古学家使用一种称为顺次排列的方法来确定文物的相对年代，即确定文物在年代上的先后次序。

我们知道一种款式的流行都是暂时的，顺次排列法正是基于这样的假定。款式的变化通常按照同一种模式进行：如下图所示，新款式的出现是缓慢的，开始使用它的人占很少的百分比；当人们普遍接受了这种新款式，它便流行起来；最后，人们又对它失去了兴趣，于是更新的款式又出现了；结果曾经流行的款式慢慢不流行了。

老的　　　　新的　　　　更新的

（每一条线的长度表示款式的流行程度）

假定在某个地区发掘出 9 处历史遗址，找到的文物有相似性，但它们之间的差异又足以证明这些遗址属于不同时代人类的居住地。人们还发现其中的陶器呈 3 种不同的款式：白底无花纹的；白底带红色波浪纹的；白底带红色直条纹的。在各处遗址找到的各种款式陶器所占的百分比不一样，制定表格如下：

遗址	无花纹（%）	波浪纹（%）	直纹（%）
1	100	0	0
2	0	70	30
3	50	50	0
4	0	20	80
5	0	0	100
6	70	30	0
7	0	100	0
8	30	70	0
9	0	60	40

现在的问题是怎样排列这 9 组数据，使得它们正好构成一个表明各种陶器数增加和减少的序列。

解：先对数据进行仔细分析可以大大节省工作量。注意，1 号遗址的陶器 100% 是无花纹的，5 号遗址的陶器 100% 是直纹的，7 号遗址的陶器 100% 是波浪纹的。由此推断，若按年代先后排序，这 3 处遗址必定有 1 处排在最早，1 处在中间，1 处居后。

暂时假定 1 号遗址年代最早，即无花纹陶器比其他款式的陶器久远，那么，随着其他陶器流行程度的增加，它的流行程度应从 100% 降到 0%。从文中估计按年代顺序排在前面的遗址应是 1，6，3，8 号。

遗址	无花纹（%）	波浪纹（%）	直纹（%）
1	100	0	0
6	70	30	0
3	50	50	0
8	30	70	0

注意上表在波浪纹的百分比是增加的。现在再观察余下的 5 处遗址，不难看出，下一处遗址的陶器应该100%都是波浪纹的，上表扩展为：

遗址	无花纹（%）	波浪纹（%）	直纹（%）
1	100	0	0
6	70	30	0
3	50	50	0
8	30	70	0
7	0	100	0

当然，随着直纹陶器款式的增加，波浪纹陶器的频率必然降低，所以其他遗址的排列必须是 2，9，4，5。

由此，陶器款式按年度先后的序列可能是：无花纹、波浪纹、直纹。当然，也可能是：直纹、波浪纹、无花纹。如果遗址中还有其他文物，它们能帮助确定，到底是无花纹陶器早，还是直纹陶器早，仅有的数据还无法作出这一判断。但有一点是可以明白无疑地推导出：波浪纹不会是最早出现的。

有文献表明，电脑键盘是根据各个字母的使用频率和人的手指的灵活程度设计的，让使用频率较高的各个字母用比较灵活的食指和中指控制，而使用频率不高的字母用不灵活的小指或无名指控制。而利用频率分析的方法破译密文的基本思想是，根据密文中各字符的频率与相应明文中某字母出现的概率进行比较，找出相应字母的变换关系，从而找出密文对应的原文而达到破密的目的。

3. 二战中的统计应用故事

这个二战中的统计故事与德国坦克有关。我们知道德国的坦克战在二战前期占了很多便宜，直到后来，苏联的坦克才能和德国坦克一拼高下，坦克数量作为德军的主要作战力量的数据是盟军非常希望获得的情报，有很多盟军特工的任务就是窃取德军坦克总量情报。然而根据战后所获得的数据，真正可靠的情报不是来源于盟军特工，而是统计学家。

统计学家做了什么事情呢？这和德军制造坦克的惯例有关，德军坦克在出厂之后按生产的先后顺序编号，1，2……N，这是一个十分古板的传统，正是因为这个传统，德军送给了盟军统计学家需要的数据。盟军在战争中缴获了德军的一些坦克并且获取了这些坦克的编号，现在统计学家需要在这些编号的基础上估计 N，也就是德军的坦克总量，而这通过一定的统计工具就可以实现。

4. 红绿灯

在我们城市里，在两条道路交叉的地方，为了保证交通顺畅、防止车辆相撞、确保行人的安全，路口大都设置了红绿灯。红绿灯是人类一项了不起的发明，在交通中起着重要控制作用。红灯停绿灯行，是每个司机和行人应遵循的交通规则。

按照一般的想法，红灯和绿灯亮的时间应该是相同的，但实际并不是这样。红绿灯是根据车辆、行人的多少来控制灯亮的时间的。如果东西方向车辆、行人多，南北方向车辆、行人少，那么就应该增加东西方向绿灯的时间，减少南北方向亮绿灯的时间，这样就能最大限度地利用道路、减少堵车时间，合理地控制交通。

5. 分类回收

人类每天都要消费许许多多的东西，科学家说，如果人类照现在这样使用资源的话，有一天地球上的资源就会被用完，那时候人类社会就会没吃的、没喝的、没用的。所以从现在起，我们一定要爱护地球，节约资源。

节约资源不仅要减少浪费，还要把能回收重新利用的物品收集起来，使它们能再次利用。我们每天消费的纸张、易拉罐、饮料瓶等东西都可以回收。小朋友，你们班里有没有回收箱，没有的话，你就赶快设两个吧！让大家把同一类可回收的废品放到一个箱子里，装满后送到废品收购站，既节约了资源，又增加了你们班的班费，是多么好的事情啊！

6.5 统计表与统计图

制作统计表和统计图是统计工作的两种主要的统计方法。

1. 统计表（statistical table）

把数字资料按照一定的规则，在表格上表现出来的表格就是统计表。

统计表的形式繁简不一，通常按项目的多少，可分为单式统计表和复式统计表两种。只对某一个项目的数据进行统计的表格，叫做单式统计表，也叫作简单统计表；统计项目在两个或两个以上的表格，叫做复式统计表。

统计表一般包括总标题、横标题、纵标题、数字资料、单位和制表日期。（如下图）各种统计表都应有"备注"栏或"附注"栏，以便必要时填入不属于表内各项的事实或说明。

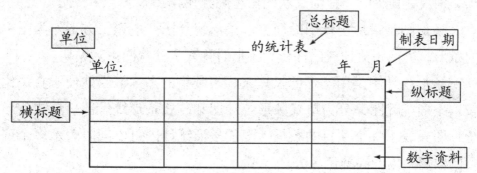

2. 统计图（statistical graph）

统计图是指利用各种图形来表现统计资料的形式，它是以点、线、面积、体积和角度等说明、表现数据的统计方法。（曾五一，2012）

统计图是根据统计数字，用几何图形、事物形象和地图等绘制的各种图形。它具有直观、形象、生动、具体等特点。统计图可以使复杂的统计数字简单化、通俗化、形象化，使人一目了然，便于理解和比较。统计图直观形象，有以下作用：①可以帮助我们从数据中提取信息；②将信息传递给别人；③发现数据中的模式。因此，统计图在统计资料整理与分析中占有重要地位，并得到广泛应用。

根据不同的标准，统计图有不同的分类。对于分类数据，通常有条形统计图和扇形统计图；对于一组定量数据，通常有点线图、茎叶图、直方图、箱线图等；对于两组定量数据，通常有散点图、折线图；也可按照图的形式划分为几何图、象形图和统计图等。

Tufte 是数据的视觉展示专家，他用"图优性"来描述一个"好"图。是指图能够：在最短的时间内，用最少的笔墨，在最小的空间里给观众最多的思想，即复杂的思想能够在图中清楚、精确、有效地被表达出来。这给我们指出了统计图的重要作用，也为我们描绘了绘图的基本原则。

a. 条形图（bar chart）

条形图也称为柱状图，是用宽度相同的条形的高度或长度来表示统计数据的大小或多少的一种图形。当类别放在纵轴时，称为条形图；当类别放在横轴时，称为柱状图。（阮红伟，2009）

条形图是条形统计图的简称。条形统计图一般以长方形作为图中的条形，当使用棱柱或圆柱作为条形时称其为柱状图更为贴切。

条形统计图是用条形的长短来代表数量的多少，因此便于直观比较。条形统计图又分为单式条形统计图和复式条形统计图。单式条形统计图只表示一个项目的数据，复式条形统计图可以同时表示多个项目的数据，用不同颜色区分。

现代意义上的条形统计图，是 Playfair 发明的。这幅图描述了1780—1781 年圣诞节这一整年的时间里，苏格兰对不同国家和地区的进出口情况。这张图出现在 Playfair1787 年出版的《商业和政治图集（第二版）》中。

b. 折线图（broken line graph）

折线图又称曲线图（curvilinear chart），是利用曲线的升降变化来表示统计指标数值变化的一种图形。（阮红伟，2009）

单式折线图

单式折线图是对一个项目进行的连续统计，以折线的上升或下降来表示统计数量的增减变化，清楚地反应数量变化的趋势，有利于预测未来的趋势。

复式折线图

复式折线图是用不同颜色或线型区别表示两个或多个项目的数量及变化趋势。复式折线图用于对同类数量或相关数量进行比较，有利于对事物的发展趋势进行更准确地把握。

例如，二战前期德国势头很猛，英国从敦刻尔克撤回到本岛，德国每天不定期地对英国狂轰滥炸，英国为了能够提高飞机的防护能力，飞机设计师们决定给飞机增加护甲，但是设计师们并不清楚应该在什么地方增加护甲，于是求助于统计学家。统计学家将每架中弹之后仍然安全返航的飞机的中弹部位描绘在一张图上，然后将所有中弹飞机的图都叠放在一起，这样就形成了浓密不同的弹孔分布。工作完成了，然后统计学家很肯定地说没有弹孔的地方就是应该增加护甲的地方，因为这个部位中弹的飞机都没能幸免于难。

c. 圆形图（circle chart）

圆形图又称饼图，是用圆形和圆内扇形的面积大小来表示统计指标数值大小的一种图形。它用于表示总体中各组成部分所占的比例，揭示现象的内部结构及其变化。（阮红伟，2009）

扇形统计图、圆形图和饼图，名称虽然不同，但本质相同——都是用圆的面积表示总数量，用圆内扇形的面积表示各部分数量占总数量的百分比，从而直观地刻画现象的内部结构。扇形统计图、圆形图是平面图形，饼图常有厚度。本文以下统称扇形统计图。

最早的扇形统计图是威廉·普莱菲（Playfair，W）于1801年在他的《统计学摘要》（Statistical Breviary）中所作。他在书中用扇形统计图描述了1789年以前土耳其帝国在亚洲、欧洲及非洲中所占的比例。

查尔斯·约瑟夫·米纳尔德（Minard，C）于1858年使用统计（扇形统计图）地图，表示从法国周边运送到巴黎销售的牛肉的数量。

第七章　概率趣史

7.1 概率的起源

　　概率是一门既古老又年轻的学科。说它古老，是因为产生概率的重要因素——赌博游戏已经存在了几千年，概率思想早在文明早期就已经开始萌芽了；说它年轻，则是因为它在十八世纪以前的发展极为缓慢，以至于现代数学家和哲学家们往往忽略了那段历史。这样，概率论的"年龄"就比数学大家族中的其他成员小很多。一般认为，概率论的历史只有短短的三百多年时间。

　　人们在谈论概率的时候，往往理所当然地认为赌博是概率论发端的原因，其依据在于早期的概率问题都是与赌博的工具—骰子所产生的各种点数问题有关的。但是相对于赌博"悠久"的历史而言，概率论显然"迟到"了太多。赌博游戏一直伴随着人类的历史，早在原始社会，人们就已经开始使用类似骰子的东西进行娱乐活动，可以说赌

博游戏已经存在了几千年。

由于骰子使用简单，玩法多样，再加上有赌注作为刺激，骰子游戏迅速地流行开来。在古罗马时期，骰子游戏曾经盛极一时，以至于政府不得不出台法律条文来禁止这些游戏，但是一切措施都不能阻止人们对此项活动的热情，人们以无害的娱乐形式出现。但有如此众多的人沉迷于这种游戏活动，也在客观上积累了大量实践经验，通过这些经验，一些最原始的概率思想逐渐萌发出来。实际上，通过对骰子的考古学研究我们确实发现了一些有趣的现象。在考古出土的古罗马时代的骰子当中，有一些被证明是用于赌博的工具，它们的形状规则而质地却不均匀，也就是说，骰子的重心并不在其几何中心。这样做的结果是若骰子的某一面较重，则其对面朝上的机率就会增大。这种骰子明显是为了赌博时用于作弊。而从另一个角度看，如果古代人知道质地不均匀的骰子产生各个结果的可能性不同，那么他们必定清楚一个质地均匀的骰子产生任何一个结果的机率是相等的。也就是说，经常从事赌博的人很有可能通过大量的游戏过程，意识到骰子本身所具有的一些特性并进而意识到掷骰子所得到的结果具有某种规律性，并且这种规律性还可以通过改变骰子的质地而得到相应的改变。虽然古代人的这些意识还只停留在经验总结的水平上，却不得不承认这是一种最原始的概率思想。

7.2 概率的定义

自有人类活动以来，概率的思想就隐含在人们的日常行为之中。比如狩猎者在狩猎时就会不自觉地考虑射中这个动物的可能性有多大。正是根据人们类似的思维活动，概率的描述性定义应运而生。概率论的早期研究大约在 16—17 世纪之间，在 16 世纪中叶，由帕斯卡和费马对赌博中赌金的"公平"分配和计算问题而产生古典概率思想，进而产生概率的古典定义。18 世纪概率论发展很快，几乎初等概率的全部内容都在此期间形成。1777 年，蒲丰发表了《或然性算术试验》，首先提出并且解决了现在称为著名的"蒲丰投针问题"，开始了几何概率的早期研究，形成概率的几何定义。一直到 19 世纪后半叶，概率的频率方法深入人心，称为概率的统计定义。同时期主观概率也具有一定的影响性，称为概率的主观定义。概率定义之多，让人们想要寻求一种能够统一概率定义的方法。直到 20 世纪初，概率公理化体系的建立完成了这一壮举。公理化体系是概率论发展史上的一个里程碑，有了它以后概率论得到了很快的发展，故又称之为概率的公理化定义。对于最初的描述性定义和发展较完备的公理化定义，两者都是一般定义，但这却是认识上的飞越。这是由简单到复杂，由粗糙到精细，由低级到高级的不断认识过程。但这两种定义并不能直接求得概率值。公理化定义作为一个数学平台，让人们在此基础上进行演绎，得到系统的概率论知识体系。要

想求出概率，还需根据古典定义、几何定义、统计定义、主观定义这四种寻求概率的方法。根据罗伯特·约翰逊和帕特里夏·库贝的观点，其中古典定义和几何定义是从理论上及模型本身的对称性上获得概率的方法，而统计定义和主观定义分别是从经验上和主观上获得概率的方法。根据不同场合、背景及事件切入点的差异进而选择不同的寻求概率的方法。需要指出的是，这六种定义具有整体性，他们之间并无矛盾，是互补的。

　　为什么"概率"的定义会有这么多种说法呢？任何一个概念的生成都不是一蹴而就的，都是经过多年的验证和完善。同样概率的定义也是经过多年的不断完善才形成的。而不同的研究者又会有不同的理解，或者说他们是从不同的角度对"概率"定义进行阐述。以上的这六种定义之间并不矛盾，是从不同的维度对"概率"进行具体的阐述，六种定义是互补的。

第八章 数学之美

8.1 数海探奇

数字海洋是一个绚丽多彩的万花筒。它浩瀚无垠，深不知底，广不见岸，其中蕴藏着无穷奥秘。在这个海洋里，几千年来，人类一直在不停地探索、研究，虽然已经揭开它的部分面纱，但是背后隐藏的奥妙，还深邃莫测。

当数字中蕴含的某些奇妙特性被揭示出来，当运算中发现了某种奇异现象，惊诧赞叹之感便油然而生。那些规律性的运算现象，那些象形性的数字排列，更激发了人们研究探索的热情。

人们已经发现各种各样非常奇特的数：音乐数、奇异数、魔术数……还发现运算中出现的数字山、数字塔、数字黑洞、数字旋涡……

走进数海便如同进入魔宫，那五彩缤纷绚丽多姿的数字奇景，令人目不暇接，流连忘返。

数字奇观，是人类在数海遨游中发现的奇特风景，它仅仅是数学海洋这个奇妙世界的一小部分。毫无疑问那些隐藏在数海深处的秘密，还有待于后来者进一步地探索、发现。

然而，仅这些已发现的数字奇景，也足以令人惊诧叫绝。

8.1.1 神圣的数（1–10）

科学的起源都神秘而美丽，数字不是孤立存在的，它们出现在我们生活的各个方面，我们平常可以熟练使用的、看似很简单的这些数字背后有什么含义呢？一起来看看吧！

（1）"不变的一"出现在所有的事物中，它对待万物都是平等的，和它相乘或相除的时候，它保持不变；所有的事物都被包含在无涯的

一体的海洋之中。"一"的性质渗透在所有的事物中，它无处不在，无物不有；任何事物中的某一个都是唯一的；它是唯一的，它包含所有……

（2）第一个偶数，每一个硬币都有两面，硬币的另一面是它对立的事物。"二"代表相反的事物；它是极化的，也是客观的。"二"是比较的基础；比较是我们认识事物的一个非常重要的方法。人分男女、数分奇偶、日有昼夜……2就像用一对反义词描述二元性对立的事物。

（3）第一个希腊奇数，3=1+2 平面中有 3 种规则图形，三元组合通常以三角形的形式出现，它是最简单且结构最稳定的多边形；在工程中，三角形建筑具有稳定性；辫子的第三股使得编织得以进行；文学作品和宗教传统里充满着预示性的三部分：过去、现在和未来。

（4）4=1+3=2+2=2×2 自然数中第二个完全平方数，与 4 相关的图形总是带有天然的对称或平衡，显得和谐饱满；四是三维空间的基础，简单的模型被称为"四面体"它是由四个三角形组成或由空间中四个点相互连线构成的空间几何图形。

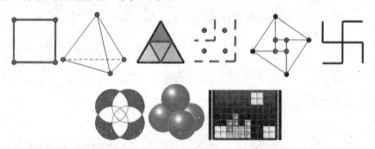

（5）第一个奇数和第一个偶数之和，第五个斐波那契数；一般的花有五个花瓣，最美的凸多边形是五角星，他们之所以美丽，是因为与黄金分割点有关系。

人类文化中：五行、五谷、五味、五金、五岳、五经、五帝；5还是货币常用面额，可见它是组成其他数的核心成员；自然地理中有五带、五大洋；人体中则有：五官、五脏、五体、五种感官。

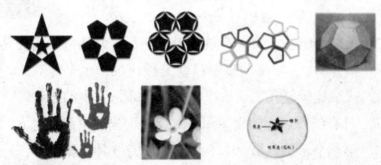

（6）第三个三角数，6=1+2+3，第一个完全数（小于本身的所有因数之和等于本身），因此西方文化中认为上帝用6天创造了万物；四面体有6条边，三维空间有6个走向，立方体有6个面，八面体有6个顶点。昆虫一般都靠6条腿来爬行；蜜蜂会本能地用无水的分泌物构筑六边形的蜂巢。

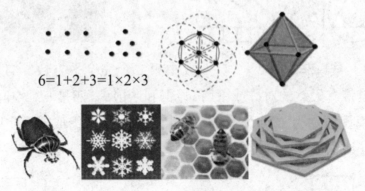

$$6=1+2+3=1×2×3$$

（7）星期为什么有七天？其实这跟行星的运转周期有关；音乐中有7音阶；人体有7个内分泌腺，构成7个能量中心，让人精神饱满；骰子上任何两个对面点数之和为7。

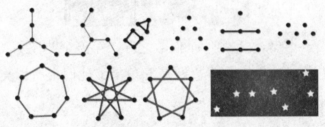

（8）第二个自然数的立方数，8=2×2×2；八边形通常意味着天与地的转换，它通常也被认为是正方形和圆的过渡平面图形；蜘蛛8条腿；章鱼8触须。

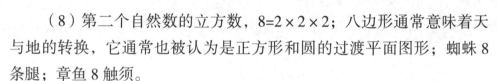

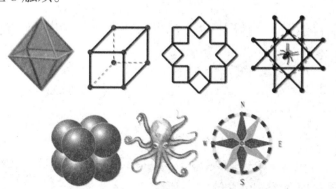

（9）9=3×3第一个奇数平方数。几何世界中与9相关的图形也同样和谐饱满，直角、正方形、九宫格；进位的边界数，数字中的大哥！因此9是一个饱满洋溢的数……在各国传统文化中都有神圣的意义，是代表吉祥幸运的数字。中国古代把"九"作为规定社会律制（9种礼仪）及官方身份等级的数字。在印度教中，从9个正方形生成81个正方形而组成的曼荼罗，被认为是宇宙的象征。

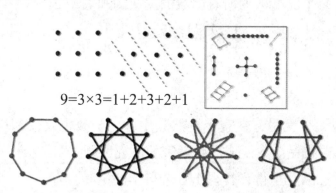

9=3×3=1+2+3+2+1

（10）十进制计数系统的基础，计算中很受欢迎的数。

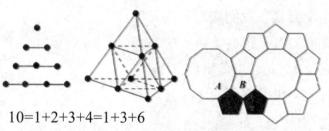

10=1+2+3+4=1+3+6

8.1.2 形形色色的数

（1）完全数

若一个自然数，恰好与除去它本身以外的一切因数的和相等，这种数叫做完全数。

例如，6=1+2+3

28=1+2+4+7+14

496=1+2+4+8+16+31+62+124+248

8128=1+2+4+8+16+32+64+127+254+508+1016+2032+4064

完全数有许多奇妙的性质：

第一、每个完全数都等于它所有真因数的和。

第二、每个完全数都可以写成连续自然数的和。如 6=1+2+3、28=1+2+3+4+5+6+7、496=1+2+3+……+29+30+31。

第三、除6以外，每个完全数还可以写成连续奇数的立方和的形式。如 $28=1^3+3^3$、$496=1^3+3^3+5^3+7^3$。

第四、每个完全数的所有因数的倒数的和等于2。

如 $\frac{1}{1}+\frac{1}{2}+\frac{1}{3}+\frac{1}{6}=2$，$\frac{1}{1}+\frac{1}{2}+\frac{1}{4}+\frac{1}{7}+\frac{1}{14}+\frac{1}{28}=2$。

第五、除6外，每个完全数用9除后都余1。

……

自然数无穷无尽，在整个自然数中，完全数也仅仅似沧海一粟。这样，如何寻找完全数便成了数学家的研究课题。

大数学家欧几里得，曾得出一个科学的论断：

如果 2p-1 是质数，那么（2^p-1）× 2^{p-1} 便是一个完全数。

按照这个公式，我们先对 6 进行验证：

当 p=2 时：

2p-1=2×2-1=3，3 是质数，则：

（2^p-1）·2^{p-1}=（2^2-1）·2^{2-1}=6

符合公式要求，所以 6 是完全数。

假如 p=3 呢？

代入式子：

$(2^p-1)\cdot 2^{p-1}=(2^3-1)\times 2^{3-1}=28$

28 也是完全数。

不过，你不要以为完全数是很容易发现的。经过许多数学家的辛勤努力，至今（2006.9.4）才仅仅找到 44 个完全数，而且都是偶数。

奇数中难道没有完全数吗？

许多人作了耐心的探索。有人把长达 36 位以内的自然数全部验证了一遍，仍没有发现一个奇数完全数！

但是，能不能就此断定奇完全数根本不存在呢？谁也不敢说。验证的数，虽然很多，但是在自然数的茫茫大海中，仍仅仅是"一粟"而已！

完全数仍然是没有解开的谜！

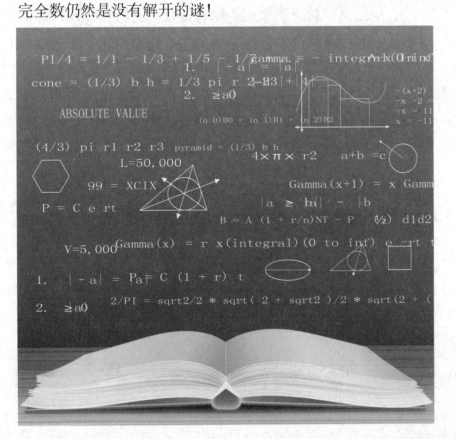

（2）音乐数

弹三弦或拉二胡总是要手指在琴弦上有规律地上下移动，才能发出美妙的声音来。假如手指胡乱地移动，便弹不成曲调了。

那么，手指在琴弦上移动对发声有什么作用呢？

原来声音是否悦耳动听，与琴弦的长短有关。长度不同，发出的声音也不同。手指的上下移动，不断地改变琴弦的长度，发出的声音便高低起伏，抑扬顿挫。

如果是三根弦同时发音，只有当它们的长度比是 3 ：4 ：6 时，发出的声音才最和谐，最优美。后来，人们便把奇妙的数 3、4、6 叫做"音乐数"。所以，古时候人们把音乐也作为数学课程的一部分进行教学。

音乐数 3、4、6，是古希腊的大数学家毕达哥拉斯发现的。

相传，毕达哥拉斯一次路过一家铁匠铺，一阵阵铿铿锵锵的打铁声吸引了他。那声音高高低低，富有节奏。他不禁止步不前，细心观察，原来那声音的高低变化是随着铁锤的大小和敲击的轻重而变化的。受此启发，回家后他进行很多次试验，寻找使琴弦发声协调动听的办法。最终发现：乐器三弦发音的协调、和谐与否，与三弦的长度有关，而长度比为 3 ：4 ：6 为最佳。从此，人们便把 3、4、6 称作音乐数。

（3）相亲数

人们常用"你中有我，我中有你"来表达两个人的亲密关系。令人惊奇的是：在无声无息的数字群体中，竟然也有这样关系密切的"相亲数"！

220 与 284 就是这种"你中有我，我中有你"的相亲数，它们的特点是：彼此的全部因数和（本身除外）都与另一方相等。

把 220 的全部因数（除掉本身）相加是：

$1 + 2 + 4 + 5 + 10 + 11 + 20 + 22 + 44 + 55 + 110 = 284$

同样，把 284 的全部因数（除掉 284 本身）相加的和是：

$1 + 2 + 4 + 71 + 142 = 220$

相亲数，使古今中外的数学爱好者产生了极大的兴趣。大数学家弗尔马、笛卡尔和欧拉等人也都进行过研究。特别是欧拉，他在 1750 年一口气向公众宣布了 60 对相亲数，这使人们大开眼界！

此后，关于相亲数的话题，冷了一百多年。人们普遍认为：相亲数研究的"顶峰"，已经被大数学家欧拉占领了，其他人不会再有新的突破了！

可是，令人惊奇的是：一个年仅 16 岁的意大利青年巴格尼尼却惊世骇俗地宣称：1184 与 1210 是仅仅比 220 与 284 稍大的第二对相亲数！原来，尽管欧拉算出了长达几十位、天文数字般的相亲数 60 对，却偏偏遗漏了近在身边的第二对。

当时已是 1866 年，大数学家欧拉早已长眠于地下了！

最近，美国数学家在耶鲁大学的计算机上，对所有一百万以下的数进行了检验，共找到了 42 对"相亲数"。下表仅列出十万以下的 13 对"相亲数"：

220	1184	2620	5020	6232	10744	12285
284	1210	2924	5564	6368	10856	14595

17296	63020	66928	67095	69615	79750
17416	76084	66992	71145	87633	88730

（4）喀氏数

喀氏，指的是印度数学家喀普利卡。

一天，喀普利卡从铁道经过，一个偶然的现象，引起了他的思考：一块里程指示牌被龙卷风拦腰折断。那上面写着的 3025 公里，四位数字被一分为二：30 25。

见此景象，喀普利卡心里一亮："这个数好奇怪呀！ $30 + 25 = 55$，而 $55^2 = 3025$，原数不是又再次重现了吗？"

此后，他便研究、搜寻这类数字，竟然发现了一大批具备这种特点的数。

如：2025

$20 + 25 = 45$ $45^2 = 2025$

9801

$98 + 1 = 99$ $99^2 = 9801$

人们把这种怪数命名为"喀普利卡数"，简称"喀氏数"，也有称为"分和累乘再现数"。

喀氏数不仅存在于四位数，其他位数的数也有。如美国数学家亨特，发现了一个八位数的喀氏数：60481729

$6048 + 1729 = 7777$ $7777^2 = 60481729$

瞧，把它拦腰切断，再揉合一起，最后只要翻个身（自乘），便又完好无损地站到我们面前了。这简直如"分尸再续"的魔术一般，令人惊奇、赞叹！

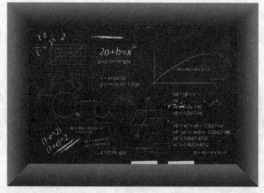

（5）圣经数

153 被称作"圣经数"。

这个美妙的名称出自圣经《新约全书》约翰福音第21章。其中写道:

耶稣对他们说:"把刚才打的鱼拿几条来。"西门·彼得就去把网拉到岸上。那网网满了大鱼,共一百五十三条;鱼虽这样多,网却没有破。

奇妙的是,153 具有一些有趣的性质。153 是 1 ~ 17 连续自然数的和,即:

$1 + 2 + 3 + \cdots\cdots + 17 = 153$

任写一个 3 的倍数的数,把各位数字的立方相加,得出和,再把和的各位数字立方后相加,如此反复进行,最后则必然出现圣经数。

例如:24 是 3 的倍数,按照上述规则,进行变换的过程是:

$24 \rightarrow 2^3 + 4^3 \rightarrow 72 \rightarrow 7^3 + 2^3 \rightarrow 351 \rightarrow 3^3 + 5^3 + 1^3 \rightarrow 153$

圣经数出现了!

再如:123 是 3 的倍数,变换过程是:

$123 \rightarrow 1^3 + 2^3 + 3^3 \rightarrow 36 \rightarrow 3^3 + 6^3 \rightarrow 243 \rightarrow 2^3 + 4^3 + 3^3 \rightarrow 99 \rightarrow 9^3 + 9^3 \rightarrow 1458 \rightarrow 1^3 + 4^3 + 5^3 + 8^3 \rightarrow 702 \rightarrow 7^3 + 2^3 \rightarrow 351 \rightarrow 3^3 + 5^3 + 1^3 \rightarrow 153$

圣经数这一奇妙的性质是以色列人科恩发现的。英国学者奥皮亚奈,对此并作了证明。

（6）自守数

任何两个整数相乘，只要它们的末位都是 5 或 6，那么，乘积的末位数字也必然是 5 或 6。5 或 6 就像一条甩不掉的"尾巴"，始终与它们形影相随！人们称这样的数为"自守数"。

例如：

$5 \times 5 = 25$

$6 \times 6 = 36$

$25 \times 25 = 625$

$76 \times 76 = 5776$

$625 \times 625 = 390625$

$376 \times 376 = 141376$

从上式可见：

两位的自守数是 25 和 76，它们分别是一位的自守数 5 和 6 的"伸长"。三位的自守数也正好是一对：625 和 376。它们又分别是两位的自守数 25 和 76 的"伸长"。

自守数从 5 和 6 出发。可以无限伸长，它的位数不受限制。十位的两个自守数是：

8212890625 和 1787109376

有人已经用计算机算出了长达五百位的自守数，并且已经找到了求自守数的方法了。

有趣的是，自守数的伸长，还存在一种普遍的规律，即：

$5 + 6 = 10 + 1$

$25 + 76 = 100 + 1$

$625 + 376 = 1000 + 1$

……

数中奥秘真是无穷无尽！

（7）自我生成数

一个数，将它各位上的数，按照一定规则经过数次转换后，最后落在一个数上，再作转换，便不再产生新数了，任你按规则反复演变它仍是"自己"，我们把这个数称作"自我生成数"。

如：任写一个数字不相同的三位数（数字相同的 111、222、333、……999 除外），将组成这个数的三个数字重新组合，使它成为由这三个数字组成的最大数和最小数，而后求出这新组成的两个数的差，再对求得的差重复上述过程，最后必然生成"495"。

以 213 为例，按上述规则，转换过程是：

321−123 = 198

981−189 = 792

972−279 = 693

963−369 = 594

954−459 = 495

↓

954−459 = 495

对于四位数也按上述操作规则会怎样呢？

以 7642 为例，转换过程应是：

7642−2467 = 5175

7551−1557 = 5994

9954−4599 = 5355

5553−3555 = 1998

9981−1899 = 8082

8820−0288 = 8532

8532−2358 = 6174

↓

7641−1467 = 6174

四位数的自我生成数是 6174。

（8）勾股弦数

三个自然数，如果其中两个自然数的平方和，恰等于第三个数的平方，这样的三个数叫做"勾股弦数"。

如：$3^2 + 4^2 = 5^2$

$5^2 + 12^2 = 13^2$

$7^2 + 24^2 = 25^2$

上面的每组三个数，都是勾股弦数。

勾、股、弦本是直角三角形三个边的名称。较短的直角边称"勾"，较长的直角边称"股"，斜边称"弦"。我国古代有"周三径一，方五斜七"的说法，意思是：周长为 3 的圆，直径约是 1；边长为 5 的正方形，它的对角线约为 7。尽管这是不精确的，却是我国劳动人民的一大发现。"方五斜七"，已经表明了直角边与斜边间的关系了！

在自然数群体中，能组成勾股弦数的，很多，很多。

下列各组数都是勾股弦数：

8、15、17；20、21、29；9、40、41；20、99、101；11、60、61……

总之，当 m 是奇数时，那么能构成勾股弦的另两个数，便分别：

是 $\frac{1}{2}$（m^2-1）、$\frac{1}{2}$（m^2+1）。按照这个公式，便很容易找到勾股弦数了。

如，$m = 13$，另两个数分别是：

$\frac{1}{2}$（$m^2 - 1$）$= \frac{1}{2}$（$13^2 - 1$）$= 84$

$\frac{1}{2}$（$m^2 + 1$）$= \frac{1}{2}$（$13^2 + 1$）$= 85$

即：$13^2 + 84^2 = 85^2$

（9）魔术数

有一些数字，只要把它接写在任一个自然数的末尾，那么，原数就如同着了魔似的，它连同接写的数所组成的新数，就必定能够被这个接写的数整除。因而，把接写上去的数称为"魔术数"。

我们已经知道，一位数中的 1，2，5，是魔术数。

1 是魔术数是一目了然的，因为任何数除以 1 仍得任何数。

用 2 试试：

12、22、32、……112、172……7132、9012……这些数，都能被 2 整除，因为它们都被 2 粘上了！

用 5 试试：

15、25、35……115、135……3015、7175……同样，任何一个数，只要末尾粘上了 5，它就必须能被 5 整除。

有趣的是：一位的魔术数 1，2，5，恰是 10 的因数中所有的一位数。

两位的魔术数有 10、20、25、50，恰是 100（10^2）的因数中所有的两位数。

三位的魔术数，恰是 1000（10^3）的因数中所有的三位数，即：100、125、200、250、500。

那么 n 位魔术数应是哪些呢？由上面各题可推知，应是 10^n 的因数中所有的 n 位约数。

顺便告诉你，三位魔术数和三位以上的魔术数都是五个。这又是为什么？请你想想看。

（10）地球数

地球围绕太阳旋转一周，便是一年。一年是365天（平年），因此，我们把365称为地球数。在自然数中，10、11、12三个数的平方和，恰是365！

$$10^2 + 11^2 + 12^2 = 100 + 121 + 144 = 365$$

有趣的是，13与14的平方和，也是365。

$$13^2 + 14^2 = 169 + 196 = 365$$

因此，人们把下列算式称作地球数算式：

$$\frac{10^2 + 11^2 + 12^2 + 13^2 + 14^2}{365} = 2$$

这种算式使人们倍感兴趣：

$$10^2 + 11^2 + 12^2 = 13^2 + 14^2$$

瞧，组成算式的五个数，恰是10～14五个连续的自然数；等式左端三个数，右端两个数。这使人们想到勾股弦数：$3^2 + 4^2 = 5^2$。这个式子是左两项、右一项。3、4、5也是连续数。

要是左四项、右三项呢？这几个连续数也被找到了：$21^2 + 22^2 + 23^2 + 24^2 = 25^2 + 26^2 + 27^2$

项数更多一些呢？

$$36^2 + 37^2 + 38^2 + 39^2 + 40^2 = 41^2 + 42^2 + 43^2 + 44^2$$

原来，这些等式可以无止境地写下去。等式的右端是m项，则左端是$(m+1)$项。一连串自然数最中心的一个数，应该是$2m(m+1)$。找到了中心数，如上述各式中的4，12，24，40，其他各数便可依次写出了。

8.1.3 "野兽数 666" 的来历和趣闻

在欧美，"666" 是个令人极其厌恶和忌讳的数，被称为 "野兽数"。

相传，尼禄，这位历史上以暴君著称的古罗马皇帝，在一次罗马大火后，无端指控是基督徒焚烧了罗马，并对他们进行大肆镇压。尼禄死后，部分基督徒出于对尼禄的恐惧，相信他并没有死去，而且还会回到罗马来。圣经《新约·启示录》中说，有一头野兽"因伤致死，但是它的致命伤又治好了"。"你所看见的兽先前有，如今没有，将要从无底坑里上来……可以计算野兽的数目，他的数目是六百六十六。" 基督徒便把 "666" 称为 "野兽数"，相信尼禄就是复活的野兽。

关于 "野兽数 666" 有许多趣闻。比如：美国前总统里根在其离任前，曾打算退休后移居贝莱尔市克劳德大街 666 号别墅，然而当他得知这一邪恶的门牌号时，顿时大惊失色。

无独有偶，在尼克松当政时，国务卿基辛格博士也碰上了 "666" 的调侃。美国著名数学科普作家马丁·加德纳在其名著《不可思议的矩阵博士》中，采用以代码数字替换英文字母的方式，把 26 个英文字母变成一个以 6 为首项、公差为 6 的等差数列：A（6），B（12），C（18），D（24），E（30），F（36），G（42），H（48），I（54），J（60），K（66），L（72），M（78），N（84），O（90），P（96），Q（102），R（108），S（114），T（120），U（126），V（132），W（138），X（144），Y（150），Z（156）。

然后，把基辛格（Kissinger）的姓氏字母，变换为代码数字求和：$66 + 54 + 114 + 114 + 54 + 84 + 42 + 30 + 108 = 666$，正好是个 "野兽数"。

以前对希特勒和墨索里尼也进行过类似的计算。并且，经过一些有心人的 "考证"，许多坏事、恶事都与 "野兽数 666" 有关。比如，"666" 就正好是赌场轮盘上数字的和。所以，西方人甚至不少名流、学者都对 "野兽数 666" 讳莫如深。

不过在数学上，666 的确有许多奇妙之处。如：

① 666 是个回文数；

② 666 是个回文合数；

③ 666 是两个连续回文素数 313 与 353 的和；

④ 666 是个三角形数；

⑤ 666 是第六个由同一个数字组成的最大的三角形数；

（其他五个是：1、3、6、55、66）

⑥ 666 是前七个素数的平方和；（$2^2 + 3^2 + 5^2 + 7^2 + 11^2 + 13^2 + 17^2 = 666$。）

⑦ $(6 + 6 + 6) + (6^3 + 6^3 + 6^3) = 666$。

⑧ $(6 + 6 + 6) + (6 + 6 + 6)^2 + (6 + 6 + 6)^2 = 666$。

⑨ $1^3 + 2^3 + 3^3 + 4^3 + 5^3 + 6^3 + 5^3 + 4^3 + 3^3 + 2^3 + 1^3 = 666$。

……

"数"有其奥妙、神秘的一面。不同地域、不同民族，对神秘的事自然会有种种不同的猜测和看法。在我国，自古以来"6"就象征着"顺"，有所谓"六六大顺"之说。"666"更是个"大吉大利之数"。这就是中西文化上的差异。

8.1.4 有趣的图形数（一）

古希腊有位数学家叫毕达哥拉斯。他和他的学派在数学上做出了巨大的贡献。毕达哥拉斯认为"数是万物之源"。1表示点，2表示线，3表示面，4表示体。

世间万物无一不是由点、线、面、体所组成，而 $1 + 2 + 3 + 4 = 10$，因此，10就可以表示宇宙。

毕达哥拉斯把自然数看成是点的集合，尤其看重能够排成三角形、正方形、长方形的数。下面我们就用这三种数推出一些重要而常用的公式。

公式一：两个三角形数可以组成一个长方形数：

所以，$(1 + 2 + 3 + 4 + 5) \times 2 = 5 \times 6$，即，$(1 + 2 + 3 + 4 + 5) = 5 \times 6 \div 2$

推而广之，如果三角形数有 n 层，长方形数就有 n 层，每层有 $n + 1$ 个点，于是得到求连续自然数的和的公式：$1 + 2 + 3 + \cdots\cdots + n = n \times (n + 1) \div 2$

公式二：正方形数可以这样划分：

所以，$1 + 3 + 5 + 7 + 9 = 5^2$。推而广之，如果正方形数有 n 层，第 n 层就有 $2n - 1$ 个点，于是得到求连续奇数和的公式：$1 + 3 + 5 + \cdots + (2n - 1) = n^2$

公式三：长方形数可以这样划分：

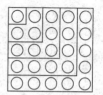

所以，$2 + 4 + 6 + 8 + 10 = 5 \times (5 + 1)$。推而广之，如果长方形数有 n 层，第 n 层就有 $2n$ 个点，于是得到求连续偶数和的公式：$2 + 4 + 6 + \cdots + 2n = n(n + 1)$

公式四：正方形数还可以这样划分：

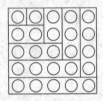

先按横行从 1 加到 5，再按竖列从 4 加到 1，即，$1 + 2 + 3 + 4 + 5 + 4 + 3 + 2 + 1 = 5^2$。推而广之，如果正方形数有 n 层，于是得到求从 1 到 n 再到 1 的连续自然数之和的公式：$1 + 2 + 3 + \cdots + n + (n - 1) + (n - 2) + \cdots + 2 + 1 = n^2$。

图形数把抽象的数与直观的图形巧妙地联系起来，这种数形结合的方法是一种常用的数学思想方法。下面我们用这种方法再推出两个重要的公式。

公式五：把 1^2、2^2、3^2、4^2、5^2 这 5 个连续的正方形数稍加变形，排成左下方的"摩天楼形"：

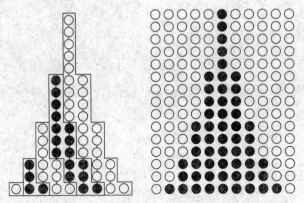

如果在它的两侧各加上同样的 5 个连续的正方形数，就会得到一个像右上方的那样的长方形数。摩天楼形数等于 $1^2 + 2^2 + 3^2 + 4^2 + 5^2$，长方形数是它的 3 倍，等于 $3 \times (1^2 + 2^2 + 3^2 + 4^2 + 5^2)$，而这个长方数有 $1 + 2 + 3 + 4 + 5 = 5 \times (5 + 1) \div 2$ 层，每层有 $2 \times 5 + 1$ 个点，所以，

$$3 \times (1^2 + 2^2 + 3^2 + 4^2 + 5^2) = \frac{5 \times (5 + 1)}{2} \times (2 \times 5 + 1)$$

即，$1^2 + 2^2 + 3^2 + 4^2 + 5^2 = \dfrac{5 \times (5 + 1) \times (2 \times 5 + 1)}{6}$

推而广之，就得到求连续平方数的和的公式：

$$1^2 + 2^2 + 3 + \cdots + n^2 = \frac{n(n+1) \times (2n+1)}{6}$$

真是妙不可言！

公式六：下面的大正方形是由一些边长分别是 1、2、3、4、5 的小正方形拼成的。

观察发现，虽然有两处重叠，不过这两个重叠部分与各自右下方的空白部分大小相等，正好可以用重叠的那一层补上空白部分。于是可以说，这个大正方形是由 1 个边长为 1 的正方形、2 个边长为 2 的正方形、3 个边长为 3 的正方形、4 个边长为 4 的正方形和 5 个边长为 5 的正方形拼成的，它的面积等于

$$1 \times 1^2 + 2 \times 2^2 + 3 \times 3^2 + 4 \times 4^2 + 5 \times 5^2 = 1^3 + 2^3 + 3^3 + 4^3 + 5^3$$

因为大正方形的边长等于 $1 + 2 + 3 + 4 + 5$，所以

$$1^3 + 2^3 + 3^3 + 4^3 + 5^3 = (1 + 2 + 3 + 4 + 5)^2$$

而 $1 + 2 + 3 + 4 + 5 = 5 \times (5 + 1) \div 2$，于是

$$1^2 + 2^2 + 3 + 4^2 + 5^2 = \left[\frac{5 \times (5+1)}{2} \right]^2$$

推而广之，就得到求连续立方数的和的公式：

$$1^2 + 2^2 + 3 + \cdots + n^2 = \left[\frac{n(n+1)}{2} \right]^2$$

真是不可思议！

上面我们用数形结合与合情推理的方法，妙趣横生地得到六个非常重要而常用的公式，使我们不能不又一次为数学内在的奥秘所陶醉，为她那无与伦比的美所倾倒。这，就是数学的魅力！

8.1.5 有趣的图形数（二）

古希腊的毕达哥拉斯学派把自然数看成是点的集合，尤其对可以排成三角形、正方形的数情有独钟，把它们称为"三角形数"和"正方形数"。

我们知道，自然数是：1，2，3，4，5，6，7，8，9，10……

三角形数，实际上就是从1开始的一些连续自然数的和：1，3，6，10，15，21，28，36，45，55，66……

正方形数，实际上就是自然数 a 的平方 a^2：1，4，9，16，25，36，49，64，81，100……

那么，有没有这样的自然数，既是三角形数又是正方形数呢？有，并且有无限多个，它们是：1，36，1225，41616，1413721，48024900，…

这类数是两个正方形数的积，它的一般公式是 b^2c^2。

$1 = 1^2 \times 1^2$，$b = 1$，$c = 1$；

$36 = 3^2 \times 2^2$，$b = 3$，$c = 2$；

$1225 = 7^2 \times 5^2$，$b = 7$，$c = 5$；

$41616 = 17^2 \times 12^2$，$b = 17$，$c = 12$；

$1413721 = 41^2 \times 29^2$，$b = 41$，$c = 29$；

$48024900 = 99^2 \times 70^2$，$b = 99$，$c = 70$；

……

这也许还算不上多么奇特，可是自然数 b、c 与 2 的平方根，这两个风马牛不相及的事物之间，竟然有着非同寻常的关系，就让人匪夷所思了！

我们知道，2 的平方根 1.414213562…是一个无理数，它的近似值可以用下面一系列连分式表示：

$$1+\frac{1}{2}, \quad 1+\cfrac{1}{2+\cfrac{1}{2}}, \quad 1+\cfrac{1}{2+\cfrac{1}{2+\cfrac{1}{2}}}, \quad 1+\cfrac{1}{2+\cfrac{1}{2+\cfrac{1}{2+\cfrac{1}{2}}}} \quad \cdots\cdots$$

容易算出：

$$1+\frac{1}{2}=\frac{3}{2}, \quad 1+\frac{1}{2+\frac{1}{2}}=\frac{7}{5}, \quad 1+\frac{1}{2+\frac{1}{2+\frac{1}{2}}}=\frac{17}{12}, \quad 1+\frac{1}{2+\frac{1}{2+\frac{1}{2+\frac{1}{2}}}}=\frac{41}{29},$$

$$1+\frac{1}{2+\frac{1}{2+\frac{1}{2+\frac{1}{2}}}}=\frac{99}{70}\cdots\cdots$$

这些分数 3/2、7/5、17/12、41/29、99/70 不正是 b/c 吗，真是不可思议！

三角形数、正方形数，既然可以看成点的集合，那么，如果把三角形数：1，3，6，10，15，21，28，36，45，55，66……"一层一层摞起来"，就可以形成"四面体数"：（四面体——底面是三角形的锥体。）

1，4，10，20，35，56，84，120……

同样，如果把正方形数：1，4，9，16，25，36，49，64，81，100……

"一层一层摞起来"，就可以形成"金字塔数"：（金字塔——底面是正方形的锥体。）

1，5，14，30，55，91，140，204……

那么，有没有这样的自然数，既是正方形数又是金字塔数呢？有，但是只有一个，就是 4900，这不能不让人感到有点意外！

自然数、三角形数、正方形数、四面体数、金字塔数之间，还有一些奇妙的性质。有的在前文中已经谈到，比如：

1. 从 1 开始的连续自然数的立方和，等于相应的三角形数的平方。如，从 1 开始的前 3 个自然数的立方和是 $1^3+2^3+3^3=1+8+27=36$，而第 3 个三角形数是 6，6^2 也等于 36。从 1 开始的前 5 个自然数的立方和是 $1^3+2^3+3^3+4^3+5^3=1+8+27+64+125=225$，而第 5 个三角形数是 15，$15^2$ 也等于 225；

2.任意两个相邻的三角形数的和,都是正方形数。如,三角形数1,3,6,10,15,21,28,36,45,55,66,…中,3 + 6 = 9,21 + 28 = 49,45 + 55 = 100,而9、49、100都是正方形数;

而下面这条新的性质就更加难以想象:

3.任意两个相邻的四面体数的和,都是金字塔数。如,四面体数1,4,10,20,35,56,84,120,…中,1 + 4 = 5,4 + 10 = 14,10 + 20 = 30,20 + 35 = 55,35 + 56 = 91,56 + 84 = 140,84 + 120 = 204,而5、14、30、55、91、140、204都是金字塔数。

三角形数、正方形数、四面体数、金字塔数,都是自然数的化身。自然数就是这样,既朴实无华又奥妙无穷。难怪毕达哥拉斯学派对自然数会顶礼膜拜奉为神明。自然,是世间万物的本源,自然,又是世间万物的归宿。在数学中,自然数又何尝不是这样!

8.2 魔幻绚丽的等式

8.2.1 金字塔等式

$$1 \times 8 + 1 = 9$$

$$12 \times 8 + 2 = 98$$

$$123 \times 8 + 3 = 987$$

$$1234 \times 8 + 4 = 9876$$

$$12345 \times 8 + 5 = 98765$$

$$123456 \times 8 + 6 = 987654$$

$$1234567 \times 8 + 7 = 9876543$$

$$12345678 \times 8 + 8 = 98765432$$

$$123456789 \times 8 + 9 = 987654321$$

$$1 \times 1 = 1$$

$$11 \times 11 = 121$$

$$111 \times 111 = 12321$$

$$1111 \times 1111 = 1234321$$

$$11111 \times 11111 = 123454321$$

$$111111 \times 111111 = 12345654321$$

$$1111111 \times 1111111 = 1234567654321$$

$$11111111 \times 11111111 = 123456787654321$$

$$111111111 \times 111111111 = 12345678987654321$$

$$1 \times 9 + 2 = 11$$
$$12 \times 9 + 3 = 111$$
$$123 \times 9 + 4 = 1111$$
$$1234 \times 9 + 5 = 11111$$
$$12345 \times 9 + 6 = 111111$$
$$123456 \times 9 + 7 = 1111111$$
$$1234567 \times 9 + 8 = 11111111$$
$$12345678 \times 9 + 9 = 111111111$$
$$123456789 \times 9 + 10 = 1111111111$$

$$9 \times 9 + 7 = 88$$
$$98 \times 9 + 6 = 888$$
$$987 \times 9 + 5 = 8888$$
$$9876 \times 9 + 4 = 88888$$
$$98765 \times 9 + 3 = 888888$$
$$987654 \times 9 + 2 = 8888888$$
$$9876543 \times 9 + 1 = 88888888$$
$$98765432 \times 9 + 0 = 888888888$$

8.2.2 多彩多姿的等式

有趣的等式还有许多，下面再介绍一些，供同学们欣赏。

一、数位比较多的"回文等式"。

$12 \times 231 = 312 \times 21$，$14 \times 462 = 264 \times 41$，$18 \times 891 = 198 \times 81$，
$24 \times 231 = 132 \times 42$

二、两边的数字相同，组成的数不同。

$16 \times 4 = 1 \times 64$，$19 \times 5 = 1 \times 95$，$26 \times 5 = 2 \times 65$，
$49 \times 8 = 4 \times 98$，$1 \times 664 = 166 \times 4$，$2 \times 665 = 266 \times 5$，
$4 \times 847 = 484 \times 7$，$6 \times 545 = 654 \times 5$，$2 \times 6665 = 2666 \times 5$，

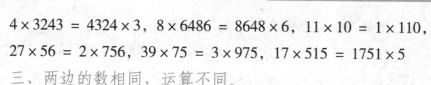

$4 \times 3243 = 4324 \times 3$，$8 \times 6486 = 8648 \times 6$，$11 \times 10 = 1 \times 110$，

$27 \times 56 = 2 \times 756$，$39 \times 75 = 3 \times 975$，$17 \times 515 = 1751 \times 5$

三、两边的数相同，运算不同。

$2 \times 2 = 2 + 2$，$1 \times 2 \times 3 = 1 + 2 + 3$，$4 \times 2 - 1 = 4 + 2 + 1$

$6 \times 2 - 2 = 6 + 2 + 2$，$8 \times 2 - 3 = 8 + 2 + 3$，

$10 \times 2 - 4 = 10 + 2 + 4$

$8 \div 4 + 1 = 8 - 4 - 1$，$16 \div 8 + 3 = 16 - 8 - 3$，

$20 \div 10 + 4 = 20 - 10 - 4$

四、两个数的和与积是倒序数。

$9 + 9 = 18$，$9 \times 9 = 81$，$24 + 3 = 27$，$24 \times 3 = 72$

$47 + 2 = 49$，$47 \times 2 = 94$，$497 + 2 = 499$，$497 \times 2 = 994$

五、两个数互为倒序数，它们的平方数也互为倒序数。

$12^2 = 144$，$21^2 = 441$　$13^2 = 169$，$31^2 = 961$

$102^2 = 10404$，$201^2 = 40401$，$103^2 = 10609$，$301^2 = 90601$，

$112^2 = 12544$，$211^2 = 44521$，$113^2 = 12769$，$311^2 = 96721$，

$122^2 = 14884$，$221^2 = 48841$

六、一个数等于它的数字和的乘方。

$81 = （8 + 1）^2$，$512 = （5 + 1 + 2）^3$，$4913 = （4 + 9 + 1 + 3）^3$，

$2401 = （2 + 4 + 0 + 1）^4$，$234256 = （2 + 3 + 4 + 2 + 5 + 6）^4$，

$390625 = （3 + 9 + 0 + 6 + 2 + 5）^4$，

$1679616 = （1 + 6 + 7 + 9 + 6 + 1 + 6）^4$

七、把一个数拦腰截断，两部分的和的平方等于原数。

81，$（8 + 1）^2 = 81$；2025，$（20 + 25）^2 = 2025$；3025，$（30 + 25）^2 = 3025$

9801，$（98 + 01）^2 = 9801$；494209，$（494 + 209）^2 = 494209$；

60481729，$（6048 + 1729）^2 = 60481729$

有这么一组数，它们始终联手相等。任你如何摔打，平方也好，"砍头去尾"也好，直至"剁成碎片"，保持相等的特性"至死不变"。

在茫茫数海中，真可谓"一绝"！

这组数是：123789 + 561945 + 642864 = 242868 + 323787 + 761943（= 1328598）

当然，这样的等式并不稀奇，奇就奇在无论你让它们各自自乘，或将它们都"刀砍斧剁"，它们却总要"相等"！请看：

1. 将每个数都平方：

$123789^2 + 561945^2 + 642864^2 = 242868^2 + 323787^2 + 761943^2$（= 744380022042）相等！

2. 把各个数量左边的一个数字都抹去：

23789 + 61945 + 42864 = 42868 + 23787 + 61943（= 128598）相等！

3. 抹掉一位后再平方呢？

$23789^2 + 61945^2 + 42864^2 = 42868^2 + 23787^2 + 61943^2$（= 6240422042）还是相等！

4. 把各个数左边再抹掉一位、再平方如何呢？

3789 + 1945 + 2864 = 2868 + 3787 + 1943（= 8598）

$3789^2 + 1945^2 + 2864^2 = 2868^2 + 3787^2 + 1943^2$（= 26342042）

它们还是相等！

咱们索性这样继续干下去。

5. 789 + 945 + 864 = 868 + 787 + 943（= 2598）

$789^2 + 945^2 + 864^2 = 868^2 + 787^2 + 943^2$（= 2262042）

6. 89 + 45 + 64 = 68 + 87 + 43（= 198）

$89^2 + 45^2 + 64^2 = 68^2 + 87^2 + 43^2$（= 14042）

7. 最后只剩下一位数了：

9 + 5 + 4 = 8 + 7 + 3（= 18）

$9^2 + 5^2 + 4^2 = 8^2 + 7^2 + 3^2$（= 122）

相等的性质一如既往！

更为奇绝的是，即使从两组的右边逐个地抹去数字，仍依上述过程，它的相等性质仍是坚定不移！

试试看：

$12378 + 56194 + 64286 = 24286 + 32378 + 76194$（$= 132858$）

$12378^2 + 56194^2 + 64286^2 = 24286^2 + 32378^2 + 76194^2$（$= 7443670316$）

最后，又是只剩下一位数了：

$1 + 5 + 6 = 2 + 3 + 7$（$= 12$）

$1^2 + 5^2 + 6^2 = 2^2 + 3^2 + 7^2$（$= 62$）

它们也还是相等！

这种"顽强不屈"的精神，使我们想到了一首诗：

千锤万凿出深山，烈火焚烧若等闲。

粉身碎骨浑不怕，要留清白在人间。

真想不到自然数中，也有这样的"钢铁战士"！

8.2.3 一组奇妙的数

有这样一组数：123789、561945、642864、242868、323787、761943

用它们可以组成一个等式：

$123789 + 561945 + 642864 = 242868 + 323787 + 761943$

这当然算不了什么。请接着往下看。

把 6 个数都平方一下，竟然还是等式：

$123789^2 + 561945^2 + 642864^2 = 242868^2 + 323787^2 + 761943^2$

这就有点奇妙了！

从原式去掉每个数左边的 1 个、2 个、3 个、4 个、5 个数字，还像上面那样，仍然是等式：

$23789 + 61945 + 42864 = 42868 + 23787 + 61943$

$23789^2 + 61945^2 + 42864^2 = 42868^2 + 23787^2 + 61943^2$

$3789 + 1945 + 2864 = 2868 + 3787 + 1943$

$3789^2 + 1945^2 + 2864^2 = 2868^2 + 3787^2 + 1943^2$

$789 + 945 + 864 = 868 + 787 + 943$

$789^2 + 945^2 + 864^2 = 868^2 + 787^2 + 943^2$

$$89 + 45 + 64 = 68 + 87 + 43$$

$$89^2 + 45^2 + 64^2 = 68^2 + 87^2 + 43^2$$

$$9 + 5 + 4 = 8 + 7 + 3$$

$$9^2 + 5^2 + 4^2 = 8^2 + 7^2 + 3^2$$

这就更加奇妙了！

从原式去掉每个数右边的 1 个、2 个、3 个、4 个、5 个数字，还像上面那样，依然是等式：

$$12378 + 56194 + 64286 = 24286 + 32378 + 76194$$

$$12378^2 + 56194^2 + 64286^2 = 24286^2 + 32378^2 + 76194^2$$

$$1237 + 5619 + 6428 = 2428 + 3237 + 7619$$

$$1237^2 + 5619^2 + 6428^2 = 2428^2 + 3237^2 + 7619^2$$

$$123 + 561 + 642 = 242 + 323 + 761$$

$$123^2 + 561^2 + 642^2 = 242^2 + 323^2 + 761^2$$

$$12 + 56 + 64 = 24 + 32 + 76$$

$$12^2 + 56^2 + 64^2 = 24^2 + 32^2 + 76^2$$

$$1 + 5 + 6 = 2 + 3 + 7$$

$$1^2 + 5^2 + 6^2 = 2^2 + 3^2 + 7^2$$

这就越发奇妙了！

真不知道这组数当初是怎么被发现的？数学有时就像魔术，但比魔术更美。魔术是"骗术"的极致，而数学是真善美的化身。数学，让人由不得不爱你！

8.2.4 两组奇而又奇的数

有这样两组数：

1，6，7，23，24，30，38，47，54，55；

2，3，10，19，27，33，34，50，51，56。

初看起来也没有什么吸引人的地方。

算一算每组数的和：

$1 + 6 + 7 + 23 + 24 + 30 + 38 + 47 + 54 + 55 = 285$；

$2 + 3 + 10 + 19 + 27 + 33 + 34 + 50 + 51 + 56 = 285$。

相等。不过，这也很平常，称不上奇而又奇。

再算算每组数的平方和：

$1^2 + 6^2 + 7^2 + 23^2 + 24^2 + 30^2 + 38^2 + 47^2 + 54^2 + 55^2 = 11685$；

$2^2 + 3^2 + 10^2 + 19^2 + 27^2 + 33^2 + 34^2 + 50^2 + 51^2 + 56^2 = 11685$。

也相等，有点意思了。

再算算每组数的立方和：

$1^3 + 6^3 + 7^3 + 23^3 + 24^3 + 30^3 + 38^3 + 47^3 + 54^3 + 55^3 = 536085$；

$2^3 + 3^3 + 10^3 + 19^3 + 27^3 + 33^3 + 34^3 + 50^3 + 51^3 + 56^3 = 536085$。

还相等！

再把方指数增大一点：

$1^4 + 6^4 + 7^4 + 23^4 + 24^4 + 30^4 + 38^4 + 47^4 + 54^4 + 55^4 = 26043813$；

$2^4 + 3^4 + 10^4 + 19^4 + 27^4 + 33^4 + 34^4 + 50^4 + 51^4 + 56^4 = 26043813$。

仍然相等！

再把方指数增大一点：

$1^5 + 6^5 + 7^5 + 23^5 + 24^5 + 30^5 + 38^5 + 47^5 + 54^5 + 55^5 = 1309753125$；

$2^5 + 3^5 + 10^5 + 19^5 + 27^5 + 33^5 + 34^5 + 50^5 + 51^5 + 56^5 = 1309753125$。

仍然相等！

再把方指数增大一点：

$1^6 + 6^6 + 7^6 + 23^6 + 24^6 + 30^6 + 38^6 + 47^6 + 54^6 + 55^6 = 67334006805$；

$2^6 + 3^6 + 10^6 + 19^6 + 27^6 + 33^6 + 34^6 + 50^6 + 51^6 + 56^6 = 67334006805$。

仍然相等！

再把方指数增大一点：

$1^7 + 6^7 + 7^7 + 23^7 + 24^7 + 30^7 + 38^7 + 47^7 + 54^7 + 55^7 = 3512261547765$；

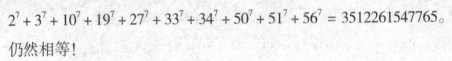

$$2^7 + 3^7 + 10^7 + 19^7 + 27^7 + 33^7 + 34^7 + 50^7 + 51^7 + 56^7 = 3512261547765。$$

仍然相等!

再把方指数增大一点:

$$1^8 + 6^8 + 7^8 + 23^8 + 24^8 + 30^8 + 38^8 + 47^8 + 54^8 + 55^8 = 185039471773893;$$

$$2^8 + 3^8 + 10^8 + 19^8 + 27^8 + 33^8 + 34^8 + 50^8 + 51^8 + 56^8 = 185039471773893。$$

仍然相等!

天啊,这是怎样的两组数啊!

这两组数有什么规律? 不知道。

有人试过,当方指数增大到 9 就不行了。为什么? 不知道。

方指数继续增大下去,会不会就又行了? 不知道。

太多的不知道。这,就是数学的魅力!

8.2.5 又一组奇妙的数

在前面曾经谈到了"圣经数 153"。这个数的奇妙之处在于:组成它的 3 个数字的 3 次方之和仍然等于它自己。

$$153 = 1^3 + 5^3 + 3^3。$$

其实,在三位数中,类似的数还有:$370 = 3^3 + 7^3 + 0^3$,$371 = 3^3 + 7^3 + 1^3$,$407 = 4^3 + 0^3 + 7^3$。

这不由得使人联想到,其他不同位数的自然数也会有类似的情况吗?

让我们从一位数开始进行检验。

一位数。因为任何一个数的 1 次方还等于它自己，所以，全部一位数都满足条件：$1 = 1^1$，$2 = 2^1$，$3 = 3^1$，$4 = 4^1$，$5 = 5^1$，$6 = 6^1$，$7 = 7^1$，$8 = 8^1$，$9 = 9^1$。反而不足为奇。

再看两位数。从 10 到 99，检验发现，组成它的 2 个数字的 2 次方之和仍然等于它自己的，一个也没有。

随着数位的增加，需要检验的数越来越多，检验越来越困难，真叫人有点力不从心。幸好在我们之前，已经有一些对数学有着执着爱好的人，经过锲而不舍的努力，发现：

四位数中，组成它的 4 个数字的 4 次方之和等于它自己的有：

$1634 = 1^4 + 6^4 + 3^4 + 4^4$；

五位数中，组成它的 5 个数字的 5 次方之和等于它自己的有：

$54748 = 5^5 + 4^5 + 7^5 + 4^5 + 8^5$；

六位数、七位数、八位数、九位数、十位数都有类似情况：

$548834 = 5^6 + 4^6 + 8^6 + 8^6 + 3^6 + 4^6$；

$1741725 = 1^7 + 7^7 + 4^7 + 1^7 + 7^7 + 2^7 + 5^7$；

$24678051 = 2^8 + 4^8 + 6^8 + 7^8 + 8^8 + 0^8 + 5^8 + 1^8$；

$146511208 = 1^9 + 4^9 + 6^9 + 5^9 + 1^9 + 1^9 + 2^9 + 0^9 + 8^9$；

$4679307774 = 4^{10} + 6^{10} + 7^{10} + 9^{10} + 3^{10} + 0^{10} + 7^{10} + 7^{10} + 7^{10} + 4^{10}$。

真是不可思议！朴实无华的自然数又给了我们一次意外的惊喜。

自然数，真是一个隐藏着无穷奥秘的大宝藏。这可能就是它永远吸引我们，鼓励我们去亲近它、认识它、探究它的一个重要原因吧！

8.2.6 透过现象看清实质

这里有几个有趣的等式，可以用计算器验证它们的正确性。

$8 + 9 + 8 \times 9 = 89$，

$78 + 9 + 78 \times 9 = 789$，

$678 + 9 + 678 \times 9 = 6789$，

$5678 + 9 + 5678 \times 9 = 56789$，

$45678 + 9 + 45678 \times 9 = 456789$，

$345678 + 9 + 345678 \times 9 = 3456789$，

$2345678 + 9 + 2345678 \times 9 = 23456789$，

$12345678 + 9 + 12345678 \times 9 = 123456789$。

那么，其中是不是隐藏着什么规律呢？

观察发现：

1. 每个等式都是"一个数与9的和，加上这个数与9的积，等于把9写在这个数的末尾所形成的数"；

2. 从第二个等式开始，开始的那个数总是比上一个等式中相应的数前面多一位，并且新数最高位上的数总是比原数最高位上的数少1。

让我们换一个数试试看。

把8换成7，按照上面发现的两个规律，写出：

$7 + 9 + 7 \times 9 = 79$，

$67 + 9 + 67 \times 9 = 679$，

$567 + 9 + 567 \times 9 = 5679$，

$4567 + 9 + 4567 \times 9 = 45679$，

$34567 + 9 + 34567 \times 9 = 345679$，

$234567 + 9 + 234567 \times 9 = 2345679$，

$1234567 + 9 + 1234567 \times 9 = 12345679$。

经过验算，完全正确。

再换一个数试试看。

把8换成5，按照上面发现的两个规律，写出：

$5 + 9 + 5 \times 9 = 59$，

$45 + 9 + 45 \times 9 = 459$，

$345 + 9 + 345 \times 9 = 3459$，

$2345 + 9 + 2345 \times 9 = 23459$，

$12345 + 9 + 12345 \times 9 = 123459$。

经过验算，完全正确。

那么，究竟是什么原因呢？为了找到问题的实质，用字母来表示数。

取第一个等式 $8 + 9 + 8 \times 9 = 89$。把 8 换成 a，$a + 9 + 9a = 10a + 9$。仔细观察发现，这个等式的左边实际上也是 $10a + 9$。原来是个恒等式：$10a + 9 = 10a + 9$。

再取第二个等式 $78 + 9 + 78 \times 9 = 789$。把 78 换成 a，还是 $a + 9 + 9a = 10a + 9$，还是那个恒等式：$10a + 9 = 10a + 9$。

后面那些等式也都如此，这才是问题的实质。原来，a 可以是任何一个数，只要写成 $10a + 9 = 10a + 9$ 的形式就行。

由此看来，第二个发现与问题的实质无关，完全是编题目的人故弄玄虚，玩了一个障眼法，无非是为了增加一点题目的趣味性而已。

既然如此，我们就可以随心所欲地编出一些更加让人眼花缭乱，更加让人摸不着头脑的等式。比如：

$1 + 9 + 1 \times 9 = 19$，

$22 + 9 + 22 \times 9 = 229$

$333 + 9 + 333 \times 9 = 3339$

$4444 + 9 + 4444 \times 9 = 44449$

$55555 + 9 + 55555 \times 9 = 555559$，

$666666 + 9 + 666666 \times 9 = 6666669$，

$7777777 + 9 + 7777777 \times 9 = 77777779$，

$88888888 + 9 + 88888888 \times 9 = 888888889$，

$999999999 + 9 + 999999999 \times 9 = 9999999999$。

再如：

$121 + 9 + 121 \times 9 = 1219$，

$12321 + 9 + 12321 \times 9 = 123219$，

$1234321 + 9 + 1234321 \times 9 = 12343219$，

$123454321 + 9 + 123454321 \times 9 = 1234543219$，

$12345654321 + 9 + 12345654321 \times 9 = 12345654321$，

$1234567654321 + 9 + 1234567654321 \times 9 = 12345676543219$，

$123456787654321 + 9 + 123456787654321 \times 9 = 1234567876543219$，

$12345678987654321 + 9 + 12345678987654321 \times 9 = 123456789876543219$。

再如：

$3 + 9 + 3 \times 9 = 39$，

$31 + 9 + 31 \times 9 = 319$，

$314 + 9 + 314 \times 9 = 3149$，

$3141 + 9 + 3141 \times 9 = 31419$，

$31415 + 9 + 31415 \times 9 = 314159$，

$314159 + 9 + 314159 \times 9 = 3141599$，

$3141592 + 9 + 3141592 \times 9 = 31415929$，

$31415926 + 9 + 31415926 \times 9 = 314159269$，

......

通过上面的探究，使我们更深刻地认识到：研究问题不仅要看清现象，更要透过现象看清实质。只有看清了实质，才能找到规律，才能掌握规律，使规律为我所用，才能使我们变得更加聪明。

8.2.7 神奇的"缺8数"

多位数 12345679 中缺少数字 8，所以人们都称它为"缺8数"，它可有许多神奇之处呦！

一、与9的倍数9，18，27，…，81 相乘，积总是由相同的数字组成——"清一色"。

$12345679 \times 9 = 111111111$，$12345679 \times 18 = 222222222$

12345679 × 27 = 333333333，12345679 × 36 = 444444444

12345679 × 45 = 555555555，12345679 × 54 = 666666666

12345679 × 63 = 666666666，12345679 × 72 = 888888888

12345679 × 81 = 999999999

二、与 12 ~ 78 各数中 3 的倍数但不是 9 的倍数相乘，积总是按三位一节重复——"三位一体"。

12345679 × 12 = 148148148，　　　12345679 × 15 = 185185185

12345679 × 21 = 259259259，　　　12345679 × 24 = 296296296

12345679 × 30 = 370370370，　　　12345679 × 33 = 407407407

12345679 × 39 = 481481481，　　　12345679 × 42 = 518518518

12345679 × 48 = 592592592，　　　12345679 × 51 = 629629629

12345679 × 57 = 703703703，　　　12345679 × 60 = 740740740

12345679 × 66 = 814814814，　　　12345679 × 69 = 851851851

12345679 × 75 = 925925925，　　　12345679 × 78 = 962962962

三、与 10 ~ 35 各数（除了 3 的倍数以外）相乘，积总是缺少一个数字，而且缺少的数字按 "8、7、5、4、2、1" 循环——"轮流休息"。

12345679 × 10 = 123456790（缺 8），12345679 × 11 = 135802469（缺 7）

12345679 × 13 = 160493827（缺 5），12345679 × 14 = 172839506（缺 4）

12345679 × 16 = 197530864（缺 2），12345679 × 17 = 209876543（缺 1）

12345679 × 19 = 234567901（缺 8），12345679 × 20 = 246813580（缺 7）

12345679 × 22 = 271604938（缺 5），12345679 × 23 = 283950617（缺 4）

12345679 × 25 = 308641975（缺 2），12345679 × 26 = 320987654（缺 1）

12345679 × 28 = 345679012（缺 8），12345679 × 29 = 358024691（缺 7）

12345679 × 31 = 382716049（缺 5），12345679 × 32 = 395061728（缺 4）

12345679 × 34 = 419753086（缺 2），12345679 × 35 = 432098765（缺 1）

四、当乘数超过 81 时，乘积将至少是十位数，但上述的各种现象依然存在，真是 "吾道一以贯之"。例如：乘数为 9 的倍数，

12345679 × 243 = 2999999997，

只要把乘积中最左边的一个数 2 加到最右边的 7 上，仍呈现"清一色"。

乘数为 3 的倍数，但不是 9 的倍数 12345679 × 84 = 1037037036，只要把乘积中最左边的一个数 1 加到最右边的 6 上，又出现"三位一体"。

乘数为 3K + 1 或 3K + 2 型，12345679 × 98 = 1209876542，表面上看来，乘积中出现相同的 2，但只要把乘积中最左边的数 1 加到最右边的 2 上去之后，所得数为 209876543，是"缺 1"数，仍是轮流"休息"。

五、当缺 8 数乘以 19 时，其乘数将是 234567901，像走马灯一样，原先居第二位的数 2 却成了开路先锋。例如：

12345679 × 19 = 234567901

12345679 × 28 = 345679012

12345679 × 37 = 456790123

深入的研究显示，当乘数为一个公差等于 9 的算术级数时，出现"走马灯"的现象。例如：

12345679 × 8 = 098765432

12345679 × 17 = 209876543

12345679 × 26 = 320987654

12345679 × 35 = 432098765

回文缺 8 数的精细结构引起研究者的浓厚兴趣，人们偶然注意到：

12345679 × 4 = 49382716

12345679 × 5 = 61728395

前一式的数颠倒过来读，正好就是后一式的积数。（虽有微小的差异，即 5 代以 4，而根据"轮休学说"，这正是题中应有之义）。这样的"回文结对，携手并进"现象，对（13、14）（22、23）（31、

32）（40、41）等各对乘数（每相邻两对乘数的对应公差均等于9）也应如此。例如：

12345679 × 22 = 271604938

12345679 × 23 = 283950617

前一式的数颠倒过来读，正好是后一式的积数。（后一式的2移到后面，并5代以4）。

据研究，"缺8数12345679"神奇的性质还不止于此，如果你有兴趣和毅力的话，不妨找一个计算器去试验和探索一番，说不定还会有新的发现呢！

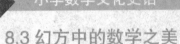

8.3 幻方中的数学之美

8.3.1 神奇的"洛书"

今天我们来介绍神奇的"洛书"。洛书古称龟书,是阴阳五行术数之源。在古代传说中有神龟出于洛水,其甲壳上有此图象,结构是戴九履一,左三右七,二四为肩,六八为足,以五居中,五方白圈皆阳数,四隅黑点为阴数。

中国古代有一个神话传说:相传远在夏代,大禹治水时,从洛河里出来一只大乌龟,在龟的背上显出图案和数字,数字从 1 到 9 奇妙地排列。大禹根据龟背上的图像,发明了洛书,一直流传至今。

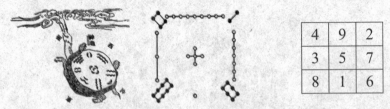

这个数阵图的奇妙之处在于:横、竖、斜三个数的和都是 15,实际上是个"三级幻方"。当时正处在原始氏族社会,我们的祖先能作出这样的发明,已是十分令人震惊!都说它是神的启示。经过后人的研究,它更令人惊奇的还多着呢!让我们看看它的奇妙吧!

在横三行中,每两个数组成一个两位数,三个数的和与它们的逆序数的和相等:

$49 + 35 + 81 = 18 + 53 + 94$($= 165$), $92 + 57 + 16 = 61 + 75 + 29$($= 165$)

把被中间一列隔开的两个数组成三个两位数,它们仍具备这种性质:

$42 + 37 + 86 = 68 + 73 + 24$($= 165$)

更为奇妙的是,将这个式子的各个加数都平方,这种相等的性质仍不变。

$42^2 + 37^2 + 86^2 = 68^2 + 73^2 + 24^2$($= 10529$)

这种等式如同文学作品中的回文,因而称作"回文等式"。

竖三行的数字，若也依此组合，是否有此特征呢？事实证明同样如此！

$43 + 95 + 27 = 72 + 59 + 34$（$= 165$），$38 + 51 + 76 = 67 + 15 + 83$（$= 165$）

被中间一行隔开的两数，组成后，同样本性不改：

$48 + 91 + 26 = 62 + 19 + 84$（$= 165$），$48^2 + 91^2 + 26^2 = 62^2 + 19^2 + 84^2$（$= 11261$）。

这一次，咱们只用四个角上的数组成四个两位数。其他数暂且不管它：

$48 + 86 + 62 + 24 = 42 + 26 + 68 + 84$（$= 220$），仍是个回文等式。

将各个加数都平方，再试试：$48^2 + 86^2 + 62^2 + 24^2 = 42^2 + 26^2 + 68^2 + 84^2$（$= 14120$），还是个回文等式！

再将各个加数立方看看，$48^3 + 86^3 + 62^3 + 24^3 = 42^3 + 26^3 + 68^3 + 84^3$（$= 998800$），还是个回文等式！

这次，咱们把四个角上的数弃之不用了，只用各边中间的数字组数：

$31 + 17 + 79 + 93 = 39 + 97 + 71 + 13$（$= 220$）

将加数平方：$31^2 + 17^2 + 79^2 + 93^2 = 39^2 + 97^2 + 71^2 + 13^2$（$= 16140$）

将加数立方：$31^3 + 17^3 + 79^3 + 93^3 = 39^3 + 97^3 + 71^3 + 13^3$（$= 1332100$）

这种奇妙的回文等式关系，始终不渝！

洛书的神奇之三是：以5为中心横、竖、斜四个三位数的和也构成回文等式：$951 + 357 + 258 + 654 = 456 + 852 + 753 + 159$（$= 2220$），

如果把各个加数都平方，它们的和仍相等：$951^2 + 357^2 + 258^2 + 654^2 = 456^2 + 852^2 + 753^2 + 159^2$（$= 1526130$）。

神奇之四是："咱们只用横三行的三个三位数，怎样呢？

$492 + 357 + 816 = 618 + 753 + 294$（$= 1665$），仍是回文等式！

把各个加数也都平方：$492^2 + 357^2 + 816^2 = 618^2 + 753^2 + 294^2$（$= 1035369$），还是个回文等式！

竖三列的三个三位数，是否也有此特征呢？经验证，同样如此！

$438 + 951 + 276 = 672 + 159 + 834$（$= 1665$），$438^2 + 951^2 + 276^2 = 672^2 + 159^2 + 834^2$（$= 1172421$）

神奇之五是：如果说，上面的一些式子使我们感到奇妙，那么下面的一些变化，将令人震惊：我们来变化一下上面已组合成的式子，如：

$951^2 + 357^2 + 258^2 + 654^2 = 456^2 + 852^2 + 753^2 + 159^2$（$= 1526130$）

对这些数进行"宰割"、"腰斩"，即将每个数的任一个相同数位上的数字都"割去"，让剩下的数字组成数，请看：

①都割去百位数：$51^2 + 57^2 + 58^2 + 54^2 = 56^2 + 52^2 + 53^2 + 59^2$（$= 12130$）

②都割去十位数：$91^2 + 37^2 + 28^2 + 64^2 = 46^2 + 82^2 + 73^2 + 19^2$（$= 14530$）

③都割去个位数：$95^2 + 35^2 + 25^2 + 65^2 = 45^2 + 85^2 + 75^2 + 15^2$（$= 15100$）

瞧，保持回文等式的特征，本性不改！咱们把每个数的前两位都砍掉，只保留个位数，回文等式的特性仍然存在：$1^2 + 7^2 + 8^2 + 4^2 = 6^2 + 2^2 + 3^2 + 9^2$（$= 130$），再将后两位砍掉，只保留原来的千位数：$9^2 + 3^2 + 2^2 + 6^2 = 4^2 + 8^2 + 7^2 + 1^2$（$= 130$）相等的特性仍是不改初衷。

真是神奇的"洛书"！令人拍案叫绝的"洛书"！

8.3.2 幻方的故事

前面曾经谈到了"洛书"，它有三行三列，每行、每列、每条对角线上三个数的和都相等。后来，人们逐步把具有类似性质的数阵扩展到四行四列、五行五列……通称为"纵横图"。宋代数学家杨辉对纵横图做了深入的研究，取得了辉煌的成就，并且打破常规，把幻方从正方形推广到多边形和圆。

15世纪，西方数学家摩索普拉把我国的纵横图介绍到欧洲，并取名为"魔幻正方形"简称"幻方"。"幻"含有梦幻、神奇、美妙、理想的意思。由于幻方有着变幻莫测的性质，所以幻方一词逐渐为大众所接受。占星家还将其作为护身符，至今仍有许多印度少女把"洛书"佩在胸前。

右面这个幻方被称为"魔鬼幻方"，因为它除了每行、每列、每条对角线上四个数的和相等以外，四个角上，以及任意由四个方格或九个方格组成的正方形四个角上四个数的和竟然也都相等，真是妙不可言！

15	10	3	6
4	5	16	9
14	11	2	7
1	8	13	12

16	3	2	13
5	10	11	8
9	6	7	12
4	15	14	1

现存欧洲最古老的幻方，是公元1514年德国画家丢勒在他著名的铜版画《忧郁》上刻的图。有趣的是，他还把创作年份1514也塞了进去。

右图是印度太苏神庙石碑上的幻方，刻于十一世纪。这个幻方也是一个魔鬼幻方。更为奇特的是。如果把幻方边上的行或列,挪到另一边去,所得到的仍是幻方。

7	12	1	14
2	13	8	11
16	3	10	5
9	6	15	4

一百年前的1910年，一位叫阿当斯的青年人，对六角幻方产生了浓厚兴趣。他先去填简单的一层六角幻方（每边两个数），没有成功。经过研究，这种幻方是不存在的。于是，阿当斯便将精力集中在两层的六角幻方上（每边3个数）。他趁着在铁路公司阅览室当职员之便，利用一些空闲时间，去摆弄从1到19这19个数。冬去春来，度过了漫长的47个年头。经过了无数次的挫折、失败，使他由一个英俊少年，

变成了白发苍苍的老头，但是他仍然不甘心失败，这就是兴趣的魔力。

1957年的一天，病中的阿当斯，在病床上无意中将六角幻方排列成功了。他惊喜万分，连忙找纸记录下来，了却了他多年的宿愿。几天后，他病愈出院。到家后却不幸地发现，他填的宝图不见了。

真是好事多磨，可是阿当斯没有灰心，他又继续奋斗了5年，终于在1962年12月的一天，有志者事竟成，阿当斯又重新填出了他盼望已久的宝图。

下面就是这个耗费了他52年心血的来之不易的六角幻方。

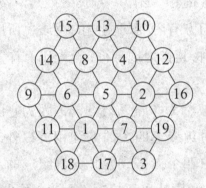

阿当斯随即将他的宝图拿给当时美国的幻方专家马丁·加德纳鉴定。面对这无与伦比的珍奇宝图，马丁博士欣喜万分，当即写信给才华横溢的数学游戏专家特里格。

特里格手捧宝图敬佩不已。这位专家也一头扎进了六角幻方，想在层数上作出突破。又耗费了不知多少心血，他才惊奇地发现，两层以上的六角幻方根本不存在。

1969年，滑铁卢大学二年级学生阿莱尔，对特里格的结论做出了严格的证明，并且把六角幻方的一切可能选择，输入电子计算机进行测试。仅用了17秒的时间，就得出了与阿当斯完全相同的结果。电子计算机向人类宣告：虽然普通幻方有千万种排法，但是，六角幻方却只有这一个，难怪阿当斯为之奋斗了52年。

今天，当我们重温这段轶事的时候，内心充满了对阿当斯无限的敬意，他那坚忍不拔的毅力，永远是我们学习的榜样。

8.4 建筑中的数学之美

8.4.1 现代建筑的几何美学欣赏

谁说建筑只有四四方方的形状和直来直去的线条？实际上，每一幢建筑都试图表现得与众不同，它们拥有各种各样的形式、形状及线条。看看那些古老的寺庙、教堂、城堡的拱门和穹顶，你就会发现古代艺术家已经开始在设计中大量应用圆弧和椭圆。

现代建筑的设计已经与古代建筑有了很大不同。现代的建筑材料和结构技术使得很多概念设计都成为了可能。这个图集中收集了一些拥有不同表现形式的建筑摄影作品。这些照片的共同点就是，它们都极力展示了自身的几何美学。

8.5 生活中的数学之美

8.5.1 祝福短信里的数学

电话、手机、计算机，朋友之间传信息；新年、新春、新景象，祝福朋友皆安康。逢年过节，近道的走亲访友，远路的打电话问候。随着生活的发展，除打电话拜年问好之外，用手机、计算机发短信祝福又成了时尚。除夕夜，我的手机短信接连不断，读着远方朋友的真挚祝福，我发现这短信里也有很多数学。

数学是交流的语言，尤其是数字，一二三四五，六七八九十用得最多。如：

（1）一斤花生二斤枣，好运经常跟你跑；三斤苹果四斤梨，吉祥和你不分离；五斤橘子六斤桃，年年招财又进宝；七斤葡萄八斤橙，愿你心想事就成；九斤芒果十斤瓜，愿你天天乐开花！

（2）祝一帆风顺，二龙腾飞，三羊开泰，四季平安，五福临门，六六大顺，七星高照，八方来财，九九同心，十全十美。

（3）新年到了，送你一个饺子平安皮儿包着如意馅，用真情煮熟，吃一口快乐两口幸福三口顺利然后喝全家健康汤，回味是温馨，余香是祝福。

（4）传说薰衣草有四片叶子：第一片叶子是信仰，第二片叶子是希望，第三片叶子是爱情，第四片叶子是幸运。送你一棵薰衣草，愿你猴年快乐！

有的干脆把汉字一二三四五，换成了阿拉伯数字12345，如：

（5）新的1年开始，祝好事接2连3，心情4季如春，生活5颜6色，7彩缤纷，偶尔8点小财，烦恼抛到9霄云外！

（6）新的1年就要开始了，愿好事接2连3，心情4春天阳光，生活5颜6色，7彩缤纷，偶尔8点小财，一切烦恼抛到9霄云外，请接受我10全10美的祝福。

下面的这条短信，则把一年的时间用不同的计时单位进行了换算。

（7）在新的一年里，祝你十二个月月月开心，五十二个星期期期愉快，三百六十五天天天好运，八千七百六十小时时时高兴，五十二万五千六百分分分幸福，三千一百五十三万六千秒秒秒成功。

　　用一年两个字能表示的，却用三千一百五十三万六千秒这一"冗长"的话来表达，好话语百听不厌嘛。不如此，不足以表达自己真挚、细腻、酣畅而热烈的美好祝愿。

　　祝福的话说得越多越好，有限的词语与无限的祝福相比较，总有言不尽意之感觉，如何解决这多与少的矛盾，数学中整体与部分的关系在这里有了用武之地：

　　（8）如果一滴水代表一个祝福，我送你一个东海；如果一颗星代表一份幸福，我送你一条银河；如果一棵树代表一份思念，我送你一片森林。祝你新年快乐！

　　解决祝福的心情无限与词语有限的矛盾，还有一个方法，就是用虚数表达。我国汉语中有很多数字是虚数，不是实指，而是代表很多。下面两则短信中的"千万"、"万两"都是虚数。前一条还用到了数学中的加减与分解，后一条诙谐幽默，着实能给我们以快乐。

　　（9）新年到了，想想没什么送给你的，又不打算给你太多，只有给你五千万：千万要快乐！千万要健康！千万要平安！千万要知足！千万不要忘记我！

　　（10）圣旨到！奉天承运，皇帝诏曰：猴年已到特赐红包一个，内有幸福万两，快乐万两，笑容万两，愿卿家饱尝幸福快乐之微笑，钦此！

8.5.2 古代的计时工具之美

小朋友，我们每天都在与时间打交道。我们知道现在常用的计时工具有各种各样的钟表，如电子表、石英表、机械表等等。那么，在钟表发明以前，你知道，人们是用什么方法来计时的吗？古时候的计时工具和现在可不一样，想不想看一看？

现代计时工具

机械秒表　　闹钟　　　座钟　　　石英表　　电子表　　机械手表

在我国古代，人们很早就发明了很多计时的方法和不同的工具。比如日晷（guǐ）、漏（lòu）刻、圭（guī）表等等，充分体现了我国古代人民的智慧。

1. 日晷（guǐ）

日晷，又称"日规"，是我国古代利用日影测得时刻的一种计时仪器。它是由一只斜放的有刻度的巨大"表盘"和位于"表盘"中心的一根垂直竖立"表针"组成，是以太阳移动，"表针"对应于晷面上的刻度

晷针

晷面

来计时的。这种利用太阳光的投影来计时的方法是人类在天文计时领域的重大发明，这项发明被人类沿用达几千年之久。日晷在北京故宫里可以见到。观察日影投在盘上的位置，就能分辨出不同的时间。

2. 漏（lòu）刻

漏是指计时用的漏壶，刻是指划分一天的时间单位，它通过漏壶的浮箭来计量一昼夜的时刻。

最初，人们发现陶器中的水会从裂缝中一滴一滴地漏出来，于是专门制造出一种留有小孔的漏壶，把水注入漏壶内，水便从壶孔中流出来，另外再用一个容器收集漏下来的水，在这个容器内有一根刻有标记的箭杆，相当于现代钟表上显示时刻的钟面，用一个竹片或木块托着箭杆浮在水面上，容器盖的中心开一个小孔，箭杆

从盖孔中穿出，这个容器叫做"箭壶"。随着箭壶内收集的水逐渐增多，木块托着箭杆也慢慢地往上浮，古人从盖孔处看箭杆上的标记，就能知道具体的时刻。漏刻的计时方法可分为两类：泄水型和受水型。漏刻是一种独立的计时系统，只借助水的运动。后来古人发现漏壶内的水多时，流水较快，水少时流水就慢，显然会影响计量时间的精度。于是在漏壶上再加一只漏壶，水从下面漏壶流出去的同时，上面漏壶的水即源源不断地补充给下面的漏壶，使下面漏壶内的水均匀地流入箭壶，从而取得比较精确的时刻。

现存于北京故宫博物院的铜壶漏刻是公元 1745 年制造的，最上面漏壶的水从雕刻精致的龙口流出，依次流向下壶，箭壶盖上有个铜人仿佛抱着箭杆，箭杆上刻有 96 格，每格为 15 分钟，人们根据铜人手握箭杆处的标志来报告时间。

3. 圭（guī）表

圭表是我国古代度量日影长度的一种天文仪器，由"圭"和"表"两个部件组成。直立于平地上测日影的标杆和石柱，叫做表；正南正

北方向平放的测定表影长度的刻板，叫做圭。

　　圭表由垂直的表（一般高八尺）和水平的圭组成。圭表的主要功能是测定冬至日所在，并进而确定回归年长度，此外，通过观测表影的变化可确定方向和节气。

　　在现存的河南登封观星台上，40 尺的高台和 128 尺长的量天尺就是一个巨大的圭表。

　　除了以上的计时方法之外，我国古代人们还用"沙漏"、"火计时"、"烛光计时"等方法来计时。我们应该为有这样聪明智慧的先辈而感到自豪。

8.6 图案中的数学之美

8.6.1 与世纪同行的二十棵树植树问题

数学史上有个20棵树植树问题，几个世纪以来一直享誉全球，不断给人类智慧的滋养，聪明的启迪，伴随人类文明几个世纪，点缀装饰于高档工艺美术的百花丛中，美丽经久不衰、与日俱增且不断进步，不断发展，在人类文明的进程中更加芬芳娇艳，更加靓丽多采。

20棵树植树问题，源于植树，升华在数学上的图谱学中，图谱构造的智、巧、美又广泛应用于社会的方方面面。20棵树植树问题，简单地说，就是有20棵树，若每行四棵，问怎样种植（组排），才能使行数更多？

20棵树植树问题，早在十六世纪，古希腊、古罗马、古埃及等都先后完成了十六行的排列并将美丽的图谱广泛应用于高雅装饰建筑、华丽工艺美术（图1）。进入十八世纪，德国数学家高斯猜想20棵树植树问题应能达到十八行，但一直未能见其发表绘制出的十八行图谱。直到十九世纪，此猜想才被美国的娱乐数学大师山姆·劳埃德完成并绘制出了精美的十八行图谱，而后还制成娱乐棋盛行于欧美，颇受人们喜爱（图2）。

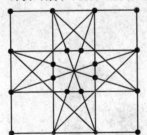
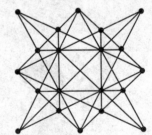

（图1）十六世纪古希腊、古罗马、 　（图2）十八世纪山姆·劳埃德
　　　古埃及完成的十六行排法　　　　　　的十八行排法

进入20世纪，电子计算机的高速发展方兴未艾，电子计算机的普及和应用在数学领域中也大显身手，电子计算机绘制出的数学图谱更是广泛应用于工艺美术、建筑装饰和自然科学领域。数学上的20棵树植树问题也随之有了更新的进展。在二十世纪七十年代，两位数学爱好者巧妙地运用电子计算机超越数学大师山姆·劳埃德保持的十八行纪录，成功地绘制出了精湛美丽的二十行图谱，创造了20棵树植树问题

新世纪的新纪录并保持至今（图3）。

乌飞兔走，星移斗换。今天，人类已经从 20 世纪跨入了 21 世纪的第二个十年。20 棵树植树问题又被数学家们从新提出：跨入 21 世纪，20 棵树，每行四棵，还能有更新的进展吗？数学界正翘首以待。国外有人曾以二十万美金设奖希望能有新的突破，随着高科技的与日俱进和更新发展，

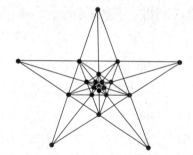

（图3）二十世纪电子计算机的杰作
——二十行排法

期望将来人类的聪明智慧与精明才干能突破现在 20 行的世界纪录，让 20 棵树植树问题能有更新更美的图谱问世，扮靓新的世纪。

一声惊雷，打破沉寂的夜空。中国数学爱好者王兴君宣称：20 棵树的问题可以排成 23 行！他分析前人和计算机的成果，认为 20 棵树植树问题可以突破 20 行，原因是前人和计算机有两个问题没有解决好。一是：外围点尽量少的问题；二是中心点的移动问题，也就是要解决单一的轴对称和中心对称问题。通过研究，他解决了上述的两个问题：外围的点由 12 个减少到 4 个。由单一的轴对称和中心对称变成中心点可以移动的复杂图形，成功的绘制了十六到二十三排各种图谱，下面的（图4）和（图5）是二十和二十三行的图谱，这两个图谱具有代表性，稍加变化可以得到其他不同的十八到二十二行图谱，所以其他图谱略。使 20 棵树植树问题有了更新的进展。

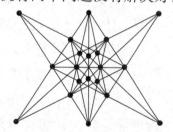

（图4）王兴君二十行图谱

20 棵树植树问题，王兴君绘制出了 23 行图谱，使 20 棵树植树问题取得了新的进展。他能够研究探索出这个流传世界几百

（图5）王兴君二十三行图谱

年的数学问题，据他说是因为对数学的酷爱，之所以能够绘制出了 23 行图谱，只不过是因为对数学的痴迷与持之以恒！20 棵树植树问题还会有新的突破吗？20 棵树植树问题最终可以排成多少行？聪明的同学们，我们相信，随着科技的进步，人类文明的发展，一定会有聪明智慧的人能突破现在 23 行的纪录，让 20 棵树植树问题能有更新更美的

图谱问世，推动图谱学的发展。

8.6.2 从家具到玩具的七巧板

你玩过七巧板吗？那简简单单的七块板，竟能拼出千变万化的图形。谁能想到呢，这种玩具是由一种古代家具演变来的。

宋朝有个叫黄伯思的人，对几何图形很有研究，他热情好客，发明了一种用 6 张小桌子组成的"宴几"——请客吃饭的小桌子。后来有人把它改进为 7 张桌组成的宴几，可以根据吃饭人数的不同，把桌子拼成不同的形状，比如 3 人拼成三角形，4 人拼成四方形，6 人拼成六方形……这样用餐时人人方便，气氛更好。

后来，有人把宴几缩小改变到只有七块板，用它拼图，演变成一种玩具。因为它十分巧妙好玩，所以人们叫它"七巧板"。到了明末清初，皇宫中的人经常用它来庆贺节日和娱乐，拼成各种吉祥图案和文字，故宫博物院至今还保存着当时的七巧板呢！

18 世纪，七巧板传到国外，立刻引起极大的兴趣，有些外国人通宵达旦地玩它，并叫它"唐图"，意思是"来自中国的拼图"。

七巧板是我国民间流传最广、也是最常见的一种古典智力玩具。中国最权威的七巧板专家傅起凤在她最新出版的专著《七巧世界》中指出，七巧板应该来源于 4000 年前中国古老的测量工具矩。七巧板是一种用七块大小不同的正三角形和矩形拼出形态万千的奇妙图形的游戏。因为它用七叶拼板成图，巧变多端，故也称七巧图。传入欧

洲后，称之为唐图，是世界公认的中国人创造的智慧游戏。历史上关于七巧板的记载最早见于清嘉庆甲戌十九年（1814 年），桑下客在《正续七巧板图合璧》序言中说："七巧之妙，亦名合巧图，其源出于勾股法。"傅起凤经过 30 多年的考据证明，从文化

数理渊源来看，七巧板源于人们对"矩"直角三角形的认识。"七巧板最显著的特点，是全部图形都以矩为基础构成，七巧游戏可以说是矩的游戏，"傅起凤说，"我们的祖先对矩情有独钟，认识、研究、应用矩非常之早。中国古代的数学经典《周髀算经》和《九章算术》中，最早讨论了矩的性质和勾股定理的应用问题，在世界科学史上具有极其重要的作用。"在新书《七巧世界》中，傅起凤提供了她多年收集的 3000 个七巧古谱和答案，以及傅起凤的父母傅天正、曾庆蒲创造的 1000 个新图，以及构思巧妙的七巧书法 900 幅。

1. 七巧板的构造

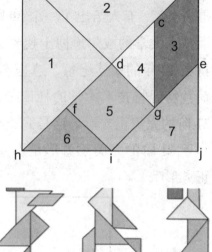

　　七巧板是由 3 种图形组成，其中有 5 个等腰直角三角形，1 个正方形，1 个平行四边形。1 号图和 2 号图一样，最大；4 号图和 6 号图一样，最小。

2. 七巧板拼图欣赏

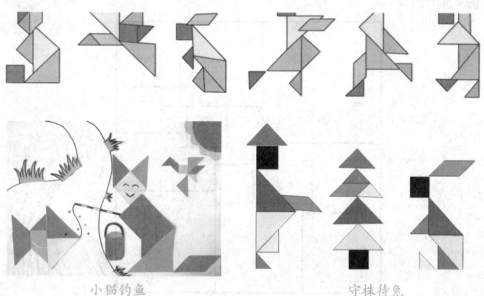

小猫钓鱼　　　　　　　　守株待兔

　　同学们，如果有兴趣，不妨发挥你的想象力，动手拼一拼吧！

8.6.3 完美正方形

在数学的百花园里，盛开着许许多多绚丽多彩的花朵，其中一朵异常迷人的花朵叫作"完美正方形"。完美正方形？什么样的图形叫作"完美正方形"，它与普通的正方形有什么区别与联系呢？所谓"完美正方形"，是指可以用一些大小各不相同，并且边长为整数的小正方形铺成的大正方形。1926年，苏联数学家鲁金对"完美正方形"提出了猜想。这个问题引起了当时正在英国剑桥大学读书的塔特、斯通等四名学生的研究兴趣。1938年，塔特、斯通等人终于找到了一个由63个大小不同的正方形组成的大正方形，人们称它为63阶的完美正方形。次年，有人给出了一个39阶的完美正方形。1964年，塔特的学生，滑铁卢大学的威尔逊博士找到了一个25阶的完美正方形。这个图形保持了12年的最佳纪录，这是不是阶数最小的完美正方形呢？1978年，荷兰特温特技术大学的杜依维斯蒂尤，用大型电子计算机算出了一个21阶的完美正方形。这是完美正方形的最终目标了。因为鲁金曾证明，小于21阶的完美正方形是不存在的。嗨，下面就是一个21阶的完美正方形哦！

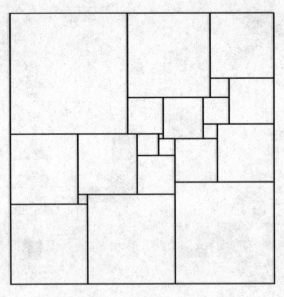

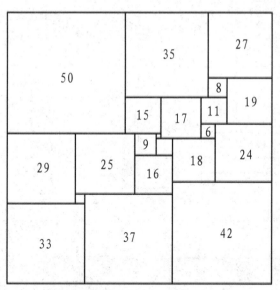

21 阶的完美正方形

请你继续欣赏：

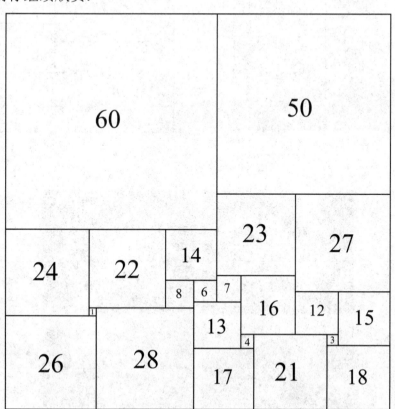

21 阶的完美正方形

22 阶的完美正方形

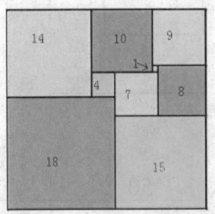

完美矩形 1

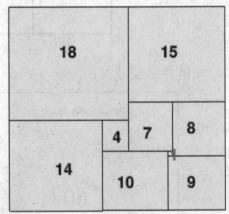

完美矩形 2

8.6.4 令人惊奇的几何图案与神秘的麦田圈

8.6.5 美丽的分形艺术作品

　　分形（Fractal）一词，是曼德勃罗创造出来的，其原意具有不规则、支离破碎等意义，分形几何学是一门以非规则几何形态为研究对象的几何学。由于不规则现象在自然界是普遍存在的，因此分形几何又称为描述大自然的几何学。分形几何建立以后，很快就引起了许多学科的关注，这是由于它不仅在理论上，而且在实用上都具有重要价值。今天这篇文章收集了几幅耀眼夺目的分形艺术作品分享给大家，一起欣赏。

8.7 文学中的数学之美

8.7.1 韵味无穷数字诗

我们在欣赏诗歌的过程中，经常遇到一些很有趣、很生动、也很简洁的数字诗，这些诗从古至今，由写景到抒情，由调侃怒骂到表露衷肠，各种皆有，现摘录下来，以供大家欣赏。

一、经典古诗词中的数字诗

古人留下的宝贵的数字诗，入情入理，充满智慧。

1. 以画竹而闻名的郑板桥，也喜欢用数字入诗，他的数字诗《咏竹》可谓别出心裁：

一二三枝竹竿，四五六片竹叶；

自然淡淡疏疏，何必重重叠叠。

诗中只用了简简单单的几个数字，却写尽了竹子的风姿神韵。

有一次郑板桥到扬州，与好友柳先生一起到"小玲珑山馆"参加一个诗会，会上作《咏雪》诗云：

一片两片三四片，五六七八九十片，

千片万片无数片，飞入梅花看不见。

诗中嵌入十二个数字，获得满堂喝彩。

数字入诗，使诗的节奏更加明快，语调更为清新，令人百读而有余香。如果在一首诗中嵌入较多的数字，而且恰到好处，那就更称得上奇了。如人们最为熟悉的一首儿童启蒙诗：

一去二三里，烟村四五家，

楼台六七座，八九十枝花。

全诗共二十个字，竟嵌入十个数字，又用得自然而不堆砌，人们称赞不已。

2. 西汉卓文君给夫君司马相如的一首诗

一别之后，二地相思，只说是三四月，又谁知五六年，七弦琴无心弹，八行书无可传，九连环从中折断，十里长亭望眼欲穿，百相思，千系念，万般无奈把郎怨，万语千言说不完，百无聊赖十依栏，重九登高看孤雁，八月仲秋月圆人不圆，七月半烧香秉烛问苍天，六月伏天人人摇

扇我心寒，五月石榴如火偏遇阵阵冷雨浇花端，四月枇杷未黄我欲对镜心意乱，急匆匆，三月桃花随水转，飘零零，二月风筝线儿断，噫！郎呀郎，巴不得下一世你为女来我作男。

这位著名才女，一首由一到万，再由万到一的诗，可以说字字血，声声泪，终使其夫回心转意。

3. 无独有偶，宋朝有一才女朱淑贞，知丈夫另觅新欢，临终前也写一数字诗《断肠谜》：

下楼来，余钱卜落，问苍天，人在何方？恨王孙一直去了，詈冤家，言去不回，悔当初，吾错失口，有上交，无下交，皂白可须问，分开不用刀，从今莫把仇靠，千种相思一撇清。

第一句，"下"失落了"卜"乃是"一"；

第二句，"天"没有"人"就成了"二"；

第三句，"王"去掉中间的一笔竖直，当然是"三"；

第四句，"罟"下半去除"言"字，只剩下"四"；

第五句，"吾"失了"口"为"五"；

第六句，"交"字没有下面交叉的撇捺就是"六"；

第七句，"皂"字上部一"白"扔下不管，无疑是"七"；

第八句，"分"字分为上下两半，"刀"抛开不用，遂成为"八"；

第九句，"仇"旁的"人"不要，为"九"；

最后一句，"千"消去上面一撇，只有"十"字。

谜底依次为"一、二、三、四、五、六、七、八、九、十"十个数字。

朱淑真一生抑郁不乐，此谜也是文字凄婉。她的文才巧思令人叹服。

4. 古人送别总爱折柳相依，这里一首古人送别时所作数字诗：

东边一带杨柳树，西边一带杨柳树。

南边一带杨柳树，北边一带杨柳树。

纵使碧丝万千条，哪能系得行人住！

东南西北各有一带杨柳树，虽简单，却也离情依依。

5. 古诗词除了送别这个主题外，更多写愁与思，以下有两首：

①《春愁》佚名

一春花事一春愁，十二珠帘十二楼。

千万愁中听百合，两三枝上五更头。

②《相思》唐无名氏

百尺楼前丈八溪，四声羌笛六桥西。

传书望断三春雁，倚枕愁闻五夜鸡。

七夕一逢牛女会，十年空说案眉齐。

万千心事肠回九，二月黄鹂向客啼。

6. 写人的诗，用数字表达也恰到好处：

清 李调元《咏美女》

一名大乔二名小乔，三寸金莲四寸腰。

买得五六七包粉，打扮八九十分娇。

不知李调元写这首诗对美女究竟是贬还是褒？

7. 写景的词，凄切感人，让人闻雨落泪：

徐德可 元《夜雨》

一声梧叶一声秋，一点芭蕉一点愁，三更归梦三更后，落灯花，棋未收，叹新斗孤馆入留，枕上十年事，江南二老忧，都到心头。

8. "一"在数字中虽简单，入诗之中却别有韵味：

①五建 唐《古谣》

一东一西垄头水，一聚一散天边路。

一去一来道上客，一颠一倒池中树。

②无名氏 元《雁儿落带过得胜令》

一年老一年，一日没一日，一秋又一秋。

一辈催一辈，一聚一离别，一喜一伤悲。

一榻一身卧，一生一梦里，寻一伙相识。

他一会咱一会，都一般相知，吹一会唱一会。

③易顺鼎　清《天童山中月夜独坐》：

青山无一尘，青天无一云，

天上惟一月，山中惟一人。

④何佩玉　清

一花一柳一鱼矶，一抹斜阳一鸟飞。

一山一水中一寺，一林黄叶一僧归。

何佩玉是清代一位才女，她写的这首"一"字诗虽简单，但能给人以无限遐想，画面美的艺术性全在里面了。

⑤提到"一"字诗，倒还有个故事，乾隆下江南，见江中驶过一渔舟即命大臣纪晓岗以十个"一"作诗，纪晓岗稍思片刻民，脱口而出：

一帆一桨一渔舟，一个渔翁一钓钩。

一府一仰一顿笑，一江明月一江秋。

9. 还有构思巧妙，令人读之拍案的算术式数字诗：

明代有一位叫伦文叙的才子，广东南海人，一位状元，看苏轼所画《百鸟归巢图》后赋诗一首诗如下：

天上一只又一只，三四五六七八只。

凤凰何少鸟何多，琢尽人间千万石。

这首诗乍看上去和普通数字诗没有什么区别，可细读起来，就会发现诗中暗含着一道数字算式："天上一只又一只"是两只，"三四"为十二只，"五六"乃三十只，"七八"为五十六只，四组数字相加，恰为百只，正好暗合了画中的"百鸟之数。"

10. 以数字为诗题的诗：

一二三四五六七八九十百千万半双两

黄侃

一丈红蔷荫碧溪，柳丝千尽六澜西。

二情难学双巢燕，半枕常憎玉夜鸡，

九日身心百梦香，万重云水四边齐。

十中七八成虚象，赢得三春两泪啼。

11. 明代剧作家汤显祖，在戏剧《牡丹亭》第三十几出《如梳中》，也有一段数字诗：

十年窗下，遇梅花冻九才开，夫贵妻荣，八字安排，敢你七香车稳情载，六宫宣你朝拜，五花诰村你非分处，论四德，似你那三从结愿谐，二指大泥金报喜，一轮皂盖飞来。

12. 很有意思的数字诗，每一句都是一个字谜，有兴趣的朋友可以琢磨琢磨。

无题 佚名

好元宵，兀坐灯光下；

叫声天，人在谁家？！

恨玉郎，无一点直心话；

事临头，欲罢不能罢。

从今后，吾当绝口不言他；

论交情，也不差。

染成皂，说不得清白话；

要分开，除非刀割下。

到如今，抛得我才空力又差；

细思量，口与心儿都是假。

二、现代人反映生活的数字诗：

1. 新中国成立前教师自叹的一首诗《自叹》

　　一身平价布，两袖粉笑灰，三餐吃不饱。

　　四季常皱眉，五更就起床，六堂要你吹，

　　七天一星期，八方逛一回，九天不发饷。

　　十年皆断炊。

2. 面对岁月，文人的自勉诗：《自勉》

　　一晃又弃扇，一柿今知秋，一瞬数月过。

　　一去不回头，一生日过午，一世几多求？

　　一刻不懈怠，一日当三秋。

3. 旧友相逢，激动场面的《重逢》

　　一阵敲门一阵风，一声姓名想旧客。

　　一番迟疑一番懵，一番握手一番疯。

　　这种旧友相逢的感受何其真实，何其形象。何其生动，遇故知，叙旧情。

三、数字讽刺诗

　　无论古今，对社会的忧患使文人们写出多少讽刺诗，这里摘取几首数字讽刺诗，用数字讽刺有了多少精确？多少奇妙？多少生动啊！可其中也饱含着诗人多少忧虑？多少心酸？多少无奈？希望几首数字讽刺诗能使大家会心一笑：

1. 纪晓岚讽刺无能官员坐吃国家俸禄的诗：

　　鹅鹅鹅鹅鹅鹅鹅，一鹅一鹅又一鹅。

　　食尽皇家千种粟，凤凰何少尔何多？

2. 民间流传一首讽刺菩萨的诗，骂得入木三分啊：

一本正经，二目无光，三餐不食，四体不勤，五谷不分，六神无主，七窍不通，八面威风，九（久）坐不动，十足无能。

3. 郭沫若讽刺新中国成立前汽车通诗：

　　一行二三里，停车四五回。修理六七次，八九十人推。

从这首诗中让咱们看到新中国成立前汽车确实有些问题。

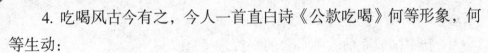

4. 吃喝风古今有之，今人一首直白诗《公款吃喝》何等形象，何等生动：

> 一摆二三桌，每月四五回，
>
> 来客六七位，八九十人陪。

5. 高考数学诗，一代代考，一代代传，读罢这首诗，我们就明白其中的原因了。

> 一声长啸进考场，两眼回望爹和娘。
>
> 三生有幸坐中间，四周都是白痴郎。
>
> 五分钟后看试卷，六月飞雪白茫茫。
>
> 七号考试就不利，八号放榜心慌慌。
>
> 九族十亲哭断肠。

最后送大家一副数字对联：

一身灰尘两脚涉水、三山邀月、四海泛舟五湖为家，十年早醒痴人梦。

六合览胜七星指路、八面来风、九霄御云十方悟道，一生自做道遥游。

横批：天地逍遥。

8.7.2 回文诗与回文等式

在我国的诗歌宝库里，有一种十分独特的样式，叫"回文诗"，它的特点是：顺着读倒着读都能成句。明朝末年，浙江有位才女吴绛雪，她所作的《四时山水诗》堪称"回文诗"的典范。每首诗的第一、四两句，第二、三两句，文字相同，顺序相反，语句流畅，语义隽永：

春景诗

莺啼岸柳弄春晴，

柳弄春晴夜月明。

明月夜晴春弄柳，

晴春弄柳岸啼莺。

香莲碧水动风凉，

水动风凉夏日长。

长日夏凉风动水，

凉风动水碧莲香。

秋景诗

秋江楚雁宿沙洲，

雁宿沙洲浅水流。

流水浅洲沙宿雁，

洲沙宿雁楚江秋。

冬景诗

红炉透炭炙寒风，

炭炙寒风御隆冬。

冬隆御风寒炙炭，

风寒炙炭透炉红。

无独有偶，在数学里也有类似的情况。请看下面这几个等式：

$$12 \times 42 = 24 \times 21, \quad 23 \times 96 = 69 \times 32, \quad 36 \times 84 = 48 \times 63$$

每个等式从左到右、从右到左，字符的顺序恰好相反。换成数学术语就是：两个数的积，等于这两个数的倒序数的积。这种情况跟"回文诗"毫无二致，异曲同工，所以，这类等式就叫做"回文等式"。

那么，回文等式是怎样得到的呢？其中是不是隐藏着什么规律呢？下面就来探讨一下这个问题。

设"回文等式"从左到右的字符依次是：$\overline{ab} \times \overline{cd} = \overline{dc} \times \overline{ba}$。于是，"回文等式"就可以写成$(10a + b)(10c + d) = (10d + c)(10b + a)$

化简：$100ac + 10ad + 10bc + bd = 100bd + 10ad + 10bc + ac$

$$100ac + bd = 100bd + ac$$

$$99ac = 99bd$$

$$ac = bd。$$

最终得到"回文等式"中4个数字的关系：$ac = bd$就是形成"回文等式"的条件。凡是具备这种关系的四个数字，都可以组成回文等式。

如：$1 \times 8 = 2 \times 4$，即$a = 1$，$b = 2$，$c = 8$，$d = 4$，$12 \times 84 = 48 \times 21$就是回文等式，两边的积都是1008。再如：$2 \times 6 = 3 \times 4$，即$a = 2$，$b = 3$，$c = 6$，$d = 4$，$23 \times 64 = 46 \times 32$就是回文等式，两边的积都是1472。再如：$3 \times 8 = 4 \times 6$，即$a = 3$，$b = 4$，$c = 8$，$d = 6$，$34 \times 86 = 68 \times 43$就是回文等式，两边的积都是2924。

"回文等式"与"回文诗"相互对应，既映射出文学的数学内涵，也彰显出数学的文化品位，给人以酣畅通达的感觉。有兴趣的同学不妨自己动手，创编出几个"回文等式"，从中体验一下这种特有的乐趣。如果你兴趣不减的话，还可以把所有两位数乘两位数的"回文等式"全都找出来，那才叫牛呢！

8.8 自然中的数学之美

8.8.1 花朵中的斐波那契数列

人们在欣赏大自然美丽景色的时候，往往会被花朵的美丽颜色和形状吸引住，但这些花的美妙不仅于此，而且还蕴藏着美妙的数学特性——斐波那契数列。

1. 紫色金光菊（又称紫锥花）

自然界鬼斧神工：随意的几朵白云，溪水水中浑圆的鹅卵石，或海中白色的浪花等等。多数情况下，看似毫无规律而言，好比野地里花花草草一样杂乱无章，但有些却如花头按序排列的种子一样有序可循。自然界和数学的完美结合，让我们惊叹之余不得不感慨自然界布局竟然完全符合数学领域严格的要求。

在此探讨的是自然界中的斐波纳契数列，借助一些花朵图片开始研究之旅。这些看似平淡无奇的花朵如何一转眼成为令人叹为观止的艺术品。

2. 瓢虫毫不关心尖尖的紫锥花头。而是被排列如此整齐的景象深深吸引！

中世纪数学家比萨的莱昂纳多（公元 1170 – 1250 年）发现了斐波纳契数列（拼写构成为 fib – on – arch – ee）。"斐波纳契"是拉丁语"弗立维.波纳切"的缩写，含义是"Bonaccio 之子"，其父亲名为 Guglielmo Bonaccio。

3. 令人想起斐波那契数列的花

生于意大利比萨市的莱昂纳多，其父 Guglielmo 是一名海关官员，工作地点就是今天阿尔及利亚的贝贾亚省。北非留学期间，常常与地中海附近的商旅打交道，莱昂纳多青年时就熟知算数及阿拉伯数字系统。他发现阿拉伯数字 0 – 9 远比常用的罗马数字（I，V，X 等等）更高级、更好用。

4. 业余植物学家眼中普普通通的绿芯雏菊

斐波纳契如此喜爱数字系统，于是开始在整个欧洲推广数字系统，并著书立说，1202年，他的著作公开出版。其著作《算盘书》（或者叫《计算之书》）被当时的欧洲同行和后辈数学家称作是推进新的"十进制"系统的开山之作。

5. 像牙齿一样洁白的白菊花花瓣

这些历史和这些美伦美奂的花朵图片有什么联系呢？请耐心一点！马上，就给你揭晓答案。《算盘书》第12章，斐波纳契记录了一组令后人十分着迷的数字序列。他举了一个普普通通的例子，一对兔子繁衍后代，子又生孙，孙又生子。一个月后，最早的一对兔子，两个月后，两对兔子（1+1），三个月后，3对兔子（2+1，记得吗，最早的一对还可以生小兔子）；以此类推，下一个月就有5对兔子（3+2），如此循环往复下去就是斐波纳契数列。

6. 美丽的橘黄色麦秆菊

斐波纳契可能不是这个数列的发明人，当时的他应该更热衷于推广算数的演讲，也许是他从其他人口中得知了"兔子问题"。但的确是他，把这问题推广并普及，更重要的是，他用数字列出了这一系列数字序列。

7. 金色麦秆菊的花瓣及中心的布局都符合斐波纳契数列的要求

这个数列中的每个数都是其前面相邻两个数之和而得出，如（0，1，1，2，3，5，8，13，21，34，55，89），风靡整个欧洲。但一直没有命名，直到19世纪，法国数学家爱都华·卢卡斯为了纪念斐波纳契的贡献，将该数列命名为"斐波纳契数列"。

8. 葵花

多数人爱它鲜艳的外表，花头上小花的排列常被用作自然界斐波纳契数列的最佳例证。

葵花上的按照螺旋形状排列的小花。这些小花的排列和外侧花瓣的排列方式完全符合斐波纳契数列的要求，让人不得不惊叹自然的神奇造化。

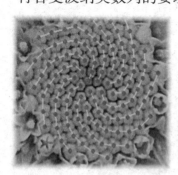

9. 按照斐波纳契螺旋排列的洋甘菊

黄色的洋甘菊（实质也是菊科的一种）花头的小花排列布局也遵循斐波纳契螺旋要求。21 个深蓝色螺旋和 13 个宝石绿螺旋。想起什么了？ 13 和 21 也属于斐波纳契数列。有趣吧！

10. 美丽聚焦：葵花籽的神奇螺旋排列

回想向日葵，全部种子紧凑地排列于花盘之中，保证每个种子都按照适当的角度生长且大小基本一致，却又疏密得当。同时，螺旋的数量（和之前黄色的洋甘菊一样）也是属于斐波纳契序列中的数字。世界真奇妙，不是吗？却又如此井然有序。

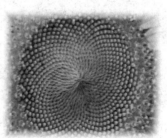

11. 有着宝石红花心的金花菊

观察美丽的金花菊图片，你一定被它的匀称的排列所吸引，这就是我们要讲到的比例。我们知道，花头内小花的排列形式并非杂乱无章，

葵花的花头内的小花是按照一定的数列进行排列的。此外，螺旋也遵循斐波纳契数列要求，按一定比例排列。不同植物比例不同：拿叶片互生的植物为例，每个螺旋内有两片叶子，那么比例就是 1/2。

12. 黄籽的紫罗兰花

另一个紧凑整齐排列的实例，便于有限空间内放下尽可能多的种子，又疏密得当。同时紫色和黄色的搭配也是天作之合！

13. 勺子菊花（形象的名称！）的花盘中心也能见到斐波纳契数列的影子。

为了不离题太远，我们回到主题斐波纳契数列上来：黄金比例。每个斐波纳契数列内的数字（例如，2/1，3/2，5/3，8/5，13/8，等等.）都是由前两个数字之比得出，并形成数列，以此类推，最终实现近似于"黄金分割率"的 1.6180339887。黄金分割率符合审美要求，广泛应用于艺术领域，音乐领域，人体构造及建筑设计等方面。植物的这种生长方式决定了其生长角度近似于黄金角度。

14. 非洲美丽的花朵……

这种植物异常美丽且罕见，叫做蓝眼菊或是非洲菊。为了生存，花心的种子极其紧凑地排列着，即使不完全符合斐波纳契数列，至少也是螺旋方式排列，物理学家认为这是"减少能耗的最佳布局"。

15. 如此多的紫色金光菊

写到此处，同学们有何想法？神奇吧？哪个在先？是缔造者大自然还是发现这个结构的科学家呢？像鸡和蛋的谁更早存在的问题。如果早期数学家能好好地观察自然，在斐波纳契之前就不至于空挡那么长时间了。停止用无限的数学知识折磨有限的大脑吧！欣赏一下美丽的紫色金光菊（紫锥菊）多好啊！

第九章　数学奇趣

9.1 绿色植物的数学美

尽管植物姿态万千，但无论是花、叶和枝的分布都是十分对称、均衡和协调的。

碧桃、腊梅，它们的花都以五瓣数组成对称的辐射图案。

向日葵花盘上果实的排列，菠萝果实的分块以及冬小麦不断长出的分蘖，则是以对称螺旋的形式在空间展开。向日葵的花盘上，种子的排列组成了两组嵌在一起的螺旋线，它们一般是 34 根、55 根；55 根、89 根；89 根，144 根。其中前一个数字是顺时针线数，后一个数字是逆时针线数。

松果上的鳞片排列很有规律，通常存在两组螺旋线，它们是 8 根与 13 根。菠萝果实的六角形鳞片组成的螺旋线也和松果相似。

许许多多的花几乎也是完美无缺地表现出对称的形式。还有树木，有的呈塔状，有的为优美的圆锥形……植物形态的空间结构，既包含着生物美，也包含着数学美。

著名的数学家笛卡尔曾研究过花瓣和叶形的曲线，发现了现代数学中有名的"笛卡尔曲线"。辐射对称的花及螺旋排列的果，它们在数学上则符合黄金分割的规律。小麦的分蘖，是围绕着圆柱形的茎按黄金分割进行排列和展开的。常见的三叶草和常春藤的叶片形状，也可以用三角函数方程来表示。

以叶子为例，叶子的排列是建立在能充分获得光合作用面积和采集更多阳光这一基础上的。如车前草，有着轮生排列的叶片，叶片与叶片之间的夹角为137°30′，这是圆的黄金分割的比例。梨树也是如此，它的叶片排列是沿对数螺旋上升，这也保证了叶与叶之间不会重合，下面的叶片正好在从上面叶片间漏下阳光的空隙地方，这是采光面积最大的排列方式。可见，沿对数螺旋按圆的黄金分割盘旋而生，是叶片排列的最优选择。

高等植物的茎也有最佳的形态。许多草本植物的茎，它们的机械组织的厚度接近于茎直径的七分之一，这种圆柱形结构很符合工程上以耗费最少的材料而获得最大坚固性的一种形式。一些四棱形的茎，机械组织多分布于四角，这样也提高了茎的支撑能力，支持了较大的叶面积。

当然，整株植物的空间配备也必须符合数学、力学原则，才适合在自然界中的生存和发展。像一些大树，都有倾斜而近似垂直的分枝、圆柱形的茎和多分枝的根，这样有利于生长更多的叶片，占据更大的空间和更好地进行光合作用。

透过繁茂的枝叶，我们看到了绿色世界里的数学奇观。若进一步了解这其中的奥秘，进行仿生，则会给人类带来无穷的益处。

9.2 "精通"数学的动物

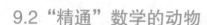

　　如果你注意观察，就会发现许多动物都"精通"数学。壁虎在捕捉昆虫时，总是沿着一条螺旋形曲线奔跑，这条曲线在数学上称为"螺旋线"。 鼹鼠虽然是"瞎子"，但是在地下挖隧道时，它总是沿着90度旋转。鹰类从空中俯冲下来猎取地上的小动物时，常常采取一个最好的角度，一举成功。

　　蜜蜂蜂房是严格的六角柱状体，它的一端是平整的六角形开口，另一端是封闭的六角菱锥形的底，由三个相同的菱形组成。组成底盘的菱形的钝角为109度28分；所有的锐角为70度32分，这样既坚固又省料。蜂房的巢壁厚0.073毫米，误差极小。

　　丹顶鹤总是成群结队迁飞，而且排成"人"字形。"人"字形的角度是110度。更精确地计算还表明"人"字形夹角的一半——即每边与鹤群前进方向的夹角为54度44分8秒！而金刚石结晶体的角度正好也是54度44分8秒！是巧合还是某种大自然的"默契"？

　　蜘蛛结的"八卦"形网，是既复杂又美丽的八角形几何图案，人们即使用直尺的圆规也很难画出像蜘蛛网那样匀称的图案。

　　冬天，猫睡觉时总是把身体抱成一个球形，这其间也有数学，因为球形使身体的表面积最小，从而散发的热量也最少。

　　真正的数学"天才"是珊瑚虫。珊瑚虫在自己的身上记下"日历"，

它们每年在自己的体壁上"刻画"出365条斑纹，显然是一天"画"一条。奇怪的是，古生物学家发现3亿5千万年前的珊瑚虫每年"画"出400幅"水彩画"。天文学家告诉我们，当时地球一天仅21.9小时，一年不是365天，而是400天。

9.3 数学与海王星的发现

这是一个大家都很熟悉的故事，即海王星发现的故事。

1781 年在发现了天王星之后，当人们观察天王星时，发现它的运行轨迹总是和原来预测的情况有一定的差异。人们在考虑，是万有引力定律不对？还是另有其他的原因呢？当时有人怀疑在它周围还存在着另外一颗行星，在影响着它的运行轨迹。

1844 年英国的天文学家亚当斯（1819——1892）利用引力定律和对天王星的观察资料，推算这颗未知行星的轨道，他花了很长的时间才计算出这颗未知行星的运行轨迹以及它可能出现在天空中的哪个方位。亚当斯于 1845 年 9～10 月把结果分别寄给了剑桥大学天文台台长查理斯和英国格林尼治天文台台长艾利，但是查理士和艾利迷信权威，把这个报告束之高阁，并不理睬这个事情。

1845 年法国一个年轻的天文学家、数学家勒维烈（1811—1877）在研究天王星的运行轨迹的问题，他认为天王星运动的不规则性是由于另一颗未知行星的引力而引起的，并根据引力法则和摄动理论，通过一年多大量繁复的数学计算，具体算出了这颗行星的运行轨迹。1846 年 9 月勒维烈写了一封信给德国柏林天文台助理员加勒（1812—1910），在信中他说："请你把望远镜对准黄道上的宝瓶星座，就是经度 326° 的地方，那时你将在那个地方 1° 之内，看到一颗九等亮度的星。"1846 年 9 月 23 日晚，加勒将望远镜对准了夜空，果然在与他们预报的位置只差一度之处找到了这颗行星，它就是后来被命名的海王星。海王星的发现不仅是力学和天文学，特别是哥白尼日心学说的伟大胜利，而且也是数学计算的伟大胜利。

1915 年，美国天文学家洛韦耳，用同样的方法算出了太阳系中最远的一颗行星——冥王星的存在。1930 年，美国的汤波真的发现了这颗行星。

　　这些事实告诉我们海王星的发现不是通过望远镜，而是根据引力法则和摄动理论，通过计算得出的，而望远镜不过用来证实这个"计算结果"是否正确的工具。海王星的发现本身可以说是老生常谈了。我们这里引用这个例子是想要说明，海王星的发现不仅是数学推理和计算威力的令人信服的例证，更重要的是它标志着用科学的方法研究天体运动获得了成功。对非科学的方法提出了挑战。我们知道哥白尼的"日心说"提出太阳是宇宙的中心，但在他之前，从古希腊开始一直是"地心说"占统治地位，中世纪的教会为了宗教的利益更是把地心说作为教义固定下来，因此哥白尼生前一直不敢发表自己的理论，直到临终时刻才在病床上看到刚刚出版的《天体运行论》。

　　"日心说"地位的真正确立是在牛顿从万有引力定律出发，利用微积分等先进数学工具将太阳系的运动严格地推演出来之后。而海王星的发现，则给顽固维护地心说的宗教势力以最后的致命的一击。在天文领域像预报日全食、月全食和天体星球的运动，都要使用数学的计算方法。因此天文学是数学最早和最大的用户之一。

9.4 大自然中神奇的数字

"宇宙法则"是指世界上普遍存在的一种数字比例，其比值是78：22。如地球上空气成分中氮气和氧气的比例是78：22，而人体中水分与其他物质比正好也是78：22。具有5000年悠久历史的犹太人视这个比例为神秘的数字，他们认为宇宙与生活是相依生息、相容无悖的。如世界上78%的财富永远是在22%的少数富人手里，而78%的普通人只占有整个财富的22%。因此犹太人在谋生、经商等方面，都会用这个法则去指导自己，并在生意中获得了常胜不败的结果。

生物在进化过程中为了求得生存，就要不断地改变自己的形体和结构以适应外界的环境。我们平时常常可以看到：不论是植物的茎、还是动物的骨骼及羽毛的干，它们一般都是空心或近似于空心。但奇怪的是，它们不管粗细、大小如何，但其内径和外径之比都是8：11。科学家经过许多年研究后发现，原来只有这个比例才能在最节省材料的同时，又可达到最坚固的目的。所以在后来人类也效仿自然，将自行车架和电线杆等管材物品做成这个比例。

我们知道，蜜蜂的窝都是以六角形的方式整齐排列。但它们为什么非要选择六角形，而不是五角形、三角形和四角形呢？有人说六角形的构造是一种自然法则，从力学角度讲六角形是最稳定的一种形状。其实这个答案，准确地讲只是对了一半。数学家们经过无数次的实验和计算得知，只有当六角形的钝角等于109°28′、锐角等于70°32′时，这种结构的容器才可做到用最少的材料达到最坚固及容量最大的目的。而蜂窝的角度经仔细测量竟与计算完全一致，这不得不使人类为大自然中幼小生灵神奇的智慧而感到惊讶！

小蜜蜂的神奇创造不但令人赞叹不已，而且还给我们以智慧与启迪。在制造飞机的结构工艺设计中，科学家为减轻飞机自身的重量，

创造出了中空式的"蜂窝夹层"结构。这种仿生设计不但强度极高而且重量也轻，另外它还可起到隔热和隔音的重要作用。

在我们地球上，男女性别之间的平均比例基本上是差不多的。根据国际上长期观察统计的资料显示，一般男女比例是在 102 至 107：100 之间浮动。而由于男人在社会活动中危险性要略大于女人，故男性的比例在各个国家中相对都高于女性。而这种男女性别比例的平衡是在无社会行为干涉下自然选择的结果，也是自然界恒定的规律。但奇怪的是，谁又能够在世界如此大范围的区域去调整平衡并掌握这个规律呢？据说当某个国家由于战争造成男女比例严重失调以后，生男孩的数量就会直线上升，直到若干年后达到新的平衡。

人类与浩瀚无际的宇宙相比还是十分渺小幼稚的，我们对自然界的了解也是远远不够的。但好奇和求知是人类的本能与天性，我们只要去不断地努力探索和攀登，人类就一定能够揭开宇宙中的更多奥秘！

9.5 泰勒斯巧测金字塔

在遥远的古代，在人类文明孕育最初的富足时，科学和人类之间仍然隔着一扇大门，等待智者的开启。而泰勒斯就是这样一位智者。

泰勒斯原本是一位精明的古希腊商人，但他在积累了足够的财富之后，便开始了自己真正想要的生活——四处旅行。泰勒斯的旅行不是一般意义上的游山玩水，吃吃喝喝，他似乎总是会关心一些常人不在意的事情。路边有工匠在盖房子，田地里有农人劳作，异国的居民在使用没有见过的工具，泰勒斯都会驻足观看，并上去攀谈询问。

相传，在埃及游历的时候，泰勒斯参加了埃及王宫贵族的 party。

"我们埃及人也知道您非常有钱，"一位埃及贵族和泰勒斯聊了起来，"那么，您来我们这儿是为了做生意么？"

"目前还没有这方面的计划，"泰勒斯很有礼貌地回答道，"贵国是个好地方，我想先四处逛逛。"

"有意思……您除了做生意以外，还做别的事吗？还是，就像您说的，只有四处逛逛？"

"我还是个思想者，我喜欢思考我看到的一切东西。"

"您可把我说糊涂了，那有什么用呢？"

"看上去好像没有什么用，"泰勒斯一笑，"但是，实际上，我认为它的用处最大。思考可以让一个人知道很多别人不知道的事情。"

"这么说您挺聪明？"这位贵族似乎很喜欢捉弄人，"那么，如果不介意，我可以考考您吗？"

"您可以问问题，我不能保证马上说出答案，但是我可以告诉您解答问题的方法。"

事情越来越有趣了，其他人也安静下来，饶有兴致地听着，连法老也注意到了两人的对话。

"那好，请问阁下，我们埃及人的金字塔有多高呢？"

这个问题可真够难的，很多宾客当即认定，泰勒斯要下不来台了。一来泰勒斯是一个外国人，那年月又不能上网查资料，他对金字塔能

有多少了解呢？二来金字塔不是直上直下的建筑，它不仅高大，还有四个斜坡，这样的一个建筑，要如何才能测出高度呢？

泰勒斯的脸上却丝毫不见慌张的神色。他依然保持着彬彬有礼的微笑，"我可以测出金字塔的高度，半日之内就可以做到。"

大家面面相觑，都不敢相信自己的耳朵！

"那么，您能演示给我们看吗？"法老居然发话了。

"没有问题。"

艳阳高悬，泰勒斯来到了金字塔下，法老移驾观看。只见泰勒斯竟指挥随从，丈量起了金字塔的影子——这叫什么丈量方法！

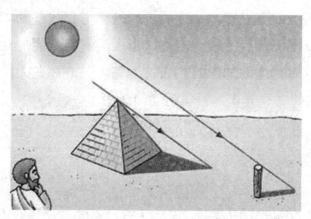

泰勒斯将一根木棍插在地上，于水平线垂直。他解释道，"尊敬的法老请看这根棍子。金字塔有影子，棍子也有影子。在某一个特定的时间，一件东西的高度和它影子的长度之间存在一种关系，这是一种万事万物共同的关系。也就是说，现在，如果我们知道了这根棍子的高度，又知道了棍子的影子有多长，我们就可以对这种神奇的关系有所了解。了解了这种关系，我们只需要知道金字塔的影子有多长，就可以知道金字塔有多高。"

说完，泰勒斯测量了木棍露出地面的高度，以及木棍的影子长度。此时，随从报上了金字塔影子的长度，经过一番简单的计算，泰勒斯准确地报出了金字塔的高度。

"太神奇了！"法老拍案叫绝。

法老所不知道的是，这个方法并不是泰勒斯独创的，埃及工匠已经使用了类似的方法。然而，泰勒斯仍然为此自豪，甚至敢自称是他教会了埃及人如何巧妙地测量金字塔高度。这是因为埃及工匠仅仅满足于使用这个方法，却没有总结背后的道理，泰勒斯则看出这个方法蕴藏着几何定理——以金字塔的垂直高度为一条边，以金字塔的影子为另一条边，可以画出一个大三角形；以小木棍为一条边，以小木棍的影子为另一条边，可以画出一个和大三角形相似的小三角形；而相似三角形的对应边是成比例的。

事实上，泰勒斯云游、思考的意义就在于，他可以在云游中收集各民族已经知晓的零星知识，然后再通过思考把这些知识总结成定理和体系，探究现象背后的科学本质。当人类对自然界的观察和探索不再局限于零散而具体的知识时，当真正有人关心那些无影无踪却无处不在的自然规律时，真正的科学活动便诞生了。

就这样，泰勒斯为我们开启了科学之门。

9.6 数学低温的世界

现在，我们把大家带到"低温的世界"，看一看负数在那里的广泛应用。

人们在地球南极点附近，曾测得世界最低的气温是 – 94.5℃。据前苏联科学家称，他们曾在南极东方站测得 – 105℃的气温，不过这个数据未被国际上承认。

近年，科技界用人工方法创造出接近绝对零度（ – 273.15℃）的低温。

人的骨髓在 – 50℃的条件下，可保存 6 到 12 个月。

现今的低温技术已能使人类的血液、精子、眼角膜、皮肤、神经、骨骼、心脏等器官得以无限期地储藏。前两年，日本一家公司就开发了一种制冷达世界最低温度 – 152℃的冷藏柜。这种冷藏柜可以应用于保存人体细胞和血液，还可以应用于超导领域。后来这种冷藏柜已成

批生产。

1969 年 6 月 4 日，有个名叫索卡拉斯·拉米尔兹的人，从古巴叛逃至西班牙。他藏身于客机未加压的轮室内，飞机在 9142 米的高空飞行，他在 -22℃的严寒下，忍受了 8 个小时。

人类早已踏上月球。在月球表面上，"白天"的温度可达 127℃，太阳落下后，"月夜"的气温竟下降到 -183℃。

低温能使正常温度下的物质发生离奇古怪的变化。例如，-38℃低温的金属锭，能"粉身碎骨"成为一堆粉末；-190℃低温下，空气即变成蓝色的液体，在液态空气环境中，石蜡能放出浅绿色的荧光，猪肉闪着黄色的光芒，橡胶将变得坚硬无比。

-269℃低温下，水银能变为被称作"超导"现象的无电阻固体。人们利用"超导"线圈发电机发电和用"超导"电缆输电，其功率消耗能降低数倍乃至数十倍。

人工降雨、人工降雪，就是把气态的二氧化碳置于 -78℃以下低温环境中，在天空施布云层，而后逐渐解冻，使水从天降。

推动火箭升空的巨大动力，是 -138℃的液态氧和 -252℃的液态氮合成的混合燃料。

1967 年 1 月，美国著名的心理学家詹姆斯·贝德福特患病住进了洛杉矶市郊疗养院。当他知道自己患了肺癌这个不治之症时，便下了决心，把自己所有的存款投入医院，请求将他冷冻处理。科学家们把他的体温降至 -75℃，用铅箔将身子包起来，装进低温密封储藏仓，最后用 -196℃液体氮急剧降温，几秒钟以后，贝德福特的身体变得像玻璃一样脆。贝德福特曾留下遗言：希望人类有一天能征服癌症，并能找到将冷冻的生命复活的方法，使他能从密仓里活着走出来，据说，现在美国已有 300 多个期待复活的冰尸。

153

第十章　数学家之故事

10.1 刘徽

刘徽（约公元 225 年—295 年），汉族，山东邹平县人，魏晋期间伟大的数学家，中国古典数学理论的奠基人之一。是中国数学史上一位非常伟大的数学家，他的杰作《九章算术注》和《海岛算经》，是中国最宝贵的数学遗产。刘徽思维敏捷，方法灵活，既提倡推理又主张直观。他是中国最早明确主张用逻辑推理的方式来论证数学命题的人，刘徽的一生是为数学刻苦探求的一生，他虽然地位低下，但人格高尚。他不是沽名钓誉的庸人，而是学而不厌的伟人，他给我们中华民族留下了宝贵的财富。

《九章算术》约成书于东汉之初，共有 246 个问题的解法。在许多方面：如解联立方程、分数四则运算、正负数运算、几何图形的体积面积计算等，都属于世界先进之列。刘徽在曹魏景初四年注《九章算术注》。

但因解法比较原始，缺乏必要的证明，刘徽则对此均作了补充证明。在这些证明中，显示了他在众多方面的创造性贡献。他是世界上最早

提出十进小数概念的人，并用十进小数来表示无理数的立方根。在代数方面，他正确地提出了正负数的概念及其加减运算的法则，改进了线性方程组的解法。在几何方面，提出了"割圆术"，即将圆周用内接或外切正多边形穷竭的一种求圆面积和圆周长的方法。他利用割圆术科学地求出了圆周率 π = 3.1416 的结果。他用割圆术，从直径为 2 尺的圆内接正六边形开始割圆，依次得正 12 边形、正 24 边形……割得越细，正多边形面积和圆面积之差越小，用他的原话说是"割之弥细，所失弥少，割之又割，以至于不可割，则与圆周合体而无所失矣。"他计算了 3072 边形面积并验证了这个值。刘徽提出的计算圆周率的科学方法，奠定了此后千余年来中国圆周率计算在世界上的领先地位。

　　刘徽在数学上的贡献极多，在开方不尽的问题中提出"求徽数"的思想，这方法与后来求无理根的近似值的方法一致，它不仅是圆周率精确计算的必要条件，而且促进了十进小数的产生；在线性方程组解法中，他创造了比直除法更简便的互乘相消法，与现今解法基本一致；并在中国数学史上第一次提出了"不定方程问题"；他还建立了等差级数前 n 项和公式；提出并定义了许多数学概念：如幂（面积）；方程（线性方程组）；正负数等等. 刘徽还提出了许多公认正确的判断作为证明的前提. 他的大多数推理、证明都合乎逻辑，十分严谨，从而把《九章算术》及他自己提出的解法、公式建立在必然性的基础之上。虽然刘徽没有写出自成体系的著作，但他注《九章算术》所运用的数学知识，实际上已经形成了一个独具特色、包括概念和判断、并以数学证明为其联系纽带的理论体系。

　　刘徽在割圆术中提出的"割之弥细，所失弥少，割之又割以至于不可割，则与圆合体而无所失矣"，这可视为中国古代极限观念的佳作。《海岛算经》一书中，刘徽精心选编了九个测量问题，这些题目的创造性、复杂性和富有代表性，都在当时为西方所瞩目。刘徽思维敏捷，方法灵活，既提倡推理又主张直观。他是我国最早明确主张用逻辑推理的方式来论证数学命题的人。

10.2 祖冲之

祖冲之（429－500），字文远。出生于建康（今南京），祖籍范阳郡逎县（今河北涞水县），中国南北朝时期杰出的数学家、天文学家。

祖冲之一生钻研自然科学，其主要贡献在数学、天文历法和机械制造三方面。他在刘徽开创的探索圆周率的精确方法的基础上，首次将"圆周率"精算到小数第七位，即在 3.1415926 和 3.1415927 之间，他提出的"祖率"对数学的研究有重大贡献。直到 16 世纪，阿拉伯数学家阿尔·卡西才打破了这一纪录。

由他撰写的《大明历》是当时最科学最进步的历法，对后世的天文研究提供了正确的方法。其主要著作有《安边论》《缀术》《述异记》《历议》等。

数学史上的创举——"祖率"

祖冲之算出圆周率（π）的真值在 3.1415926 和 3.1415927 之间，相当于精确到小数第 7 位，简化成 3.1415926，祖冲之因此入选世界纪录协会世界第一位将圆周率值计算到小数第 7 位的科学家。祖冲之还给出圆周率（π）的两个分数形式：22/7（约率）和 355/113（密率），其中密率精确到小数第 7 位。祖冲之对圆周率数值的精确推算值，对于中国乃至世界是一个重大贡献，后人将"约率"用他的名字命名为"祖冲之圆周率"，简称"祖率"。

圆周率的应用很广泛，尤其是在天文、历法方面，凡牵涉到圆的一切问题，都要使用圆周率来推算。如何正确地推求圆周率的数值，是世界数学史上的一个重要课题。中国古代数学家们对这个问题十分重视，研究也很早。在《周髀算经》和《九章算术》中就提出径一周三的古率，定圆周率为三，即圆周长是直径长的三倍。此后，经过历代数学家的相继探索，推算出的圆周率数值日益精确。

东汉张衡推算出的圆周率值为 3.162。三国时王蕃推算出的圆周率数值为 3.155。魏晋的著名数学家刘徽在为《九章算术》作注时创立了

新的推算圆周率的方法——割圆术，将圆周率的值为边长除以 2，其近似值为 3.14；并且说明这个数值比圆周率实际数值要小一些。刘徽以后，探求圆周率有成就的学者，先后有南朝时代的何承天，皮延宗等人。何承天求得的圆周率数值为 3.1428，皮延宗求出圆周率值为 22/7 ≈ 3.14。

祖冲之认为自秦汉以至魏晋的数百年中研究圆周率成绩最大的学者是刘徽，但并未达到精确的程度，于是他进一步精益钻研，去探求更精确的数值。

根据《隋书·律历志》关于圆周率（π）的记载："宋末，南徐州从事史祖冲之，更开密法，以圆径一亿为一丈，圆周盈数三丈一尺四寸一分五厘九毫二秒七忽，朒数三丈一尺四寸一分五厘九毫二秒六忽，正数在盈朒二限之间。密率，圆径一百一十三，圆周三百五十五。约率，圆径七，周二十二。"祖冲之把一丈化为一亿忽，以此为直径求圆周率。他计算的结果共得到两个数：一个是盈数（即过剩的近似值），为 3.1415927；一个是朒数（即不足的近似值），为 3.1415926。

盈朒两数可以列成不等式，如：3.1415926（*）<π（真实的圆周率）<3.1415927（盈），这表明圆周率应在盈朒 两数之间。按照当时计算都用分数的习惯，祖冲之还采用了两个分数值的圆周率。一个是 355/113（约等于 3.1415927），这一个数比较精密，所以祖冲之称它为"密率"。另一个是 22/7（约等于 3.14），这一个数比较粗疏，所以祖冲之称它为"约率"。

祖冲之在圆周率方面的研究，有着积极的现实意义，他的研究适应了当时生产实践的需要。刘徽计算到圆内接 96 边形，求得 π = 3.14，并指出，内接正多边形的边数越多，所求得的 π 值越精确。祖冲之在前人成就的基础上，经过刻苦钻研，反复演算，他亲自研究度量衡，并用最新的圆周率成果修正古代的量器容积的计算。古代有一种量器叫做"釜"，一般的是一尺深，外形呈圆柱状，祖冲之利用他的圆周率研究，求出了精确的数值。他还重新计算了汉朝刘歆所造的"律嘉量"，利用"祖率"校正了数值。以后，人们制造量器时就采用了祖冲之的"祖率"数值。

由此可见他在治学上的顽强毅力和聪敏才智是令人钦佩的。祖冲之计算得出的密率，外国数学家获得同样结果，已是一千多年以后的事了。为了纪念祖冲之的杰出贡献，有些外国数学史家建议把 $\pi=$ 叫做"祖率"。

祖冲之博览当时的名家经典，坚持实事求是，他从亲自测量计算的大量资料中对比分析，发现过去历法的严重误差，并勇于改进，在他三十三岁时编制成功了《大明历》，开辟了历法史的新纪元。

祖冲之还与他的儿子祖暅（也是我国著名的数学家）一起，用巧妙的方法解决了球体体积的计算。他们当时采用的一条原理是："幂势既同，则积不容异"。意即，位于两平行平面之间的两个立体，被任一平行于这两平面的平面所截，如果两个截面的面积恒相等，则这两个立体的体积相等. 这一原理，在西文被称为卡瓦列利原理，但这是在祖氏以后一千多年才由卡氏发现的。为了纪念祖氏父子发现这一原理的重大贡献，大家也称这原理为"祖暅原理"。

10.3 苏步青

苏步青（1902－2003），浙江温州平阳人，祖籍福建省泉州市，中国科学院院士，中国著名的数学家、教育家，中国微分几何学派创始人，被誉为"东方国度上灿烂的数学明星"、"东方第一几何学家"、"数学之王"。

苏步青 1902 年 9 月出生在浙江省平阳县的一个山村里。虽然家境清贫，可他父母省吃俭用，拼死拼活也要供他上学。他在读初中时，对数学并不感兴趣，觉得数学太简单，一学就懂。可是，后来的一堂数学课影响了他一生的道路。

那是苏步青上初三时，他就读浙江省六十中来了一位刚从东京留学归来的教数学课的杨老师。第一堂课杨老师没有讲数学，而是讲故事。他说："当今世界，弱肉强食，世界列强依仗船坚炮利，都想蚕食瓜分中国。中华亡国灭种的危险迫在眉睫，振兴科学，发展实业，救亡

图存，在此一举。'天下兴亡，匹夫有责'，在座的每一位同学都有责任。"他旁征博引，讲述了数学在现代科学技术发展中的巨大作用。这堂课的最后一句话是："为了救亡图存，必须振兴科学。数学是科学的开路先锋，为了发展科学，必须学好数学。"苏步青一生不知听过多少堂课，但这一堂课使他终生难忘。

杨老师的课深深地打动了他，给他的思想注入了新的兴奋剂。读书，不仅为了摆脱个人困境，而是要拯救中国广大的苦难民众；读书，不仅是为了个人找出路，而是为中华民族求新生。当天晚上，苏步青辗转反侧，彻夜难眠。在杨老师的影响下，苏步青的兴趣从文学转向了数学，并从此立下了"读书不忘救国，救国不忘读书"的座右铭。一迷上数学，不管是酷暑隆冬，霜晨雪夜，苏步青只知道读书、思考、解题、演算，4年中演算了上万道数学习题。现在温州一中（即当时省立十中）还珍藏着苏步青一本几何练习簿，用毛笔书写，工工整整。中学毕业时，苏步青门门功课都在90分以上。

17岁时，苏步青赴日留学，并以第一名的成绩考取东京高等工业学校，在那里他如饥似渴地学习着。为国争光的信念驱使苏步青较早地进入了数学的研究领域，在完成学业的同时，写了30多篇论文，在微分几何方面取得令人瞩目的成果，并于1931年获得理学博士学位。获得博士之前，苏步青已在日本帝国大学数学系当讲师，正当日本一个大学准备聘他去任待遇优厚的副教授时，苏步青却决定回国，回到抚育他成长的祖任教。回到浙大任教授的苏步青，生活十分艰苦。面对困境，苏步青的回答是"吃苦算得了什么，我甘心情愿，因为我选择了一条正确的道路，这是一条爱国的光明之路啊！"

这就是老一辈数学家那颗爱国的赤子之心。在他老人家在70多岁高龄时，还结合解决船体数学放样的实际课题，创建和开始了计算几何的新研究方向。苏步青的研究方向主要是微分几何。苏步青的大部分研究工作是属于仿射微分几何学和射影微分几何学方向的。此外，他还致力于一般空间微分几何学和计算几何学的研究。他创立了国际公认的浙江大学微分几何学学派。

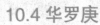

10.4 华罗庚

华罗庚（1910-1985），出生于江苏常州金坛区，祖籍江苏丹阳。数学家，中国科学院院士，美国国家科学院外籍院士，第三世界科学院院士，联邦德国巴伐利亚科学院院士。中国第一至第六届全国人大常委会委员。

他是中国解析数论、矩阵几何学、典型群、自守函数论与多元复变函数论等多方面研究的创始人和开拓者，并被列为芝加哥科学技术博物馆中当今世界 88 位数学伟人之一。国际上以华氏命名的数学科研成果有"华氏定理"、"华氏不等式"、"华—王方法"等。

在国际上以华氏命名的数学科研成果就有"华氏定理"、"怀依—华不等式"、"华氏不等式"、"普劳威尔—加当华定理"、"华氏算子"、"华—王方法"等。

20 世纪 40 年代，解决了高斯完整三角和的估计这一历史难题，得到了最佳误差阶估计；对 G.H. 哈代与 J.E. 李特尔伍德关于华林问题及 E. 赖特关于塔里问题的结果作了重大的改进，三角和研究成果被国际数学界称为"华氏定理"。

在代数方面，证明了历史长久遗留的一维射影几何的基本定理，给出了体的正规子体一定包含在它的中心之中这个结果的一个简单而直接的证明，被称为嘉当–布饶尔–华定理。

与王元教授合作在近代数论方法应用研究方面获重要成果，被称为"华–王方法"。

华罗庚出生在一个摆杂货店的家庭，从小体弱多病，但他凭借自己一股坚强的毅力和崇高的追求，终于成为一代数学宗师。

少年时期的华罗庚就特别爱好数学，但数学成绩并不突出。19 岁那年，一篇出色的文章惊动了当时著名的数学家熊庆来. 从此在熊庆来先生的引导下，走上了研究数学的道路。晚年为了国家经济建设，

把纯粹数学推广应用到工农业生产中，为祖国建设事业奋斗终生！华爷爷悉心栽培年轻一代，让青年数学家茁壮成儿使他们脱颖而出，工作之余还不忘给青多年朋友写一些科普读物。下面就是华罗庚爷爷曾经介绍给同学们的一个有趣的数学游戏：有位老师，想辨别他的 3 个学生谁更聪明. 他采用如下的方法：事先准备好 3 项白帽子，2 顶黑帽子，让他们看到，然后，叫他们闭上眼睛，分别给戴上帽子，藏起剩下的 2 顶帽子，最后，叫他们睁开眼，看着别人的帽子，说出自己所戴帽子的颜色。像这样的题还有很多呢。华罗庚爷爷告诫我们：复杂的问题要善于"退"，足够地"退"，"退"到最原始而不失去重要性的地方，是学好数学的一个诀窍。

10.5 陈景润

陈景润，1933 年 5 月 22 日生于福建福州，当代数学家。

1953 年 9 月分配到北京四中任教。1955 年 2 月由当时厦门大学的校长王亚南先生举荐，回母校厦门大学数学系任助教。1957 年 10 月，由于华罗庚教授的赏识，陈景润被调到中国科学院数学研究所。1973 年发表了（1 + 2）的详细证明，被公认为是对哥德巴赫猜想研究的重大贡献。[1 – 2] 1981 年 3 月当选为中国科学院学部委员（院士）。曾任国家科委数学学科组成员。1992 年任《数学学报》主编。

他在数学领域里的研究硕果累累。他写成的论文《典型域上的多元复变函数论》于 1957 年 1 月获国家发明一等奖，并先后出版了中、俄、英文版专著；1957 年出版《数论导引》；1959 年莱比锡首先用德文出版了《指数和的估计及其在数论中的应用》，又先后出版了俄文版和中文版；1963 年他和他的学生万哲先合写的《典型群》一书出版。他发起创建了计算机技术研究所，也是中国最早主张研制电子计算机

的科学家之一。

1957 年，陈景润被调到中国科学院研究所工作，作为新的起点，他更加刻苦钻研。经过 10 多年的推算，在 1965 年 5 月，发表了他的论文《大偶数表示一个素数及一个不超过 2 个素数的乘积之和》。论文的发表，受到世界数学界和著名数学家的高度重视和称赞。英国数学家哈伯斯坦和德国数学家黎希特把陈景润的论文写进数学书中，称为"陈氏定理"。

陈景润不爱逛公园，不爱逛马路，就爱学习。学习起来，常常忘记了吃饭睡觉。

有一天，陈景润吃中饭的时候，摸摸脑袋，哎呀，头发太长了，应该快去理一理，要不，人家看见了，还当他是个姑娘呢。于是，他放下饭碗，就跑到理发店去了。

理发店里人很多，大家挨着次序理发。陈景润拿的牌子是三十八号的小牌子。他想：轮到我还早着哩。时间是多么宝贵啊，我可不能白白浪费掉。他赶忙走出理发店，找了个安静的地方坐下来，然后从口袋里掏出个小本子，背起外文生字来。他背了一会，忽然想起上午读外文的时候，有个地方没看懂。不懂的东西，一定要把它弄懂，这是陈景润的脾气。他看了看手表，才十二点半。他想：先到图书馆去查一查，再回来理发还来得及，站起来就走了。谁知道，他走了不多久，就轮到他理发了。理发员叔叔大声地叫："三十八号！谁是三十八号？快来理发！"你想想，陈景润正在图书馆里看书，他能听见理发员叔叔喊三十八号吗？

过了好些时间，陈景润在图书馆里，把不懂的东西弄懂了，这才高高兴兴地往理发店走去。可是他路过外文阅览室，有各式各样的新书，可好看啦。又跑进去看起书来了，一直看到太阳下山了，他才想起理发的事儿来。他一摸口袋，那张三十八号的小牌子还好好地躺着哩。但是他来到理发店还有啥用呢，这个号码早已过时了。

陈景润进了图书馆，真好比掉进了蜜糖罐，怎么也舍不得离开。还有一次，陈景润吃了早饭，带上两个馒头，一块咸菜，到图书馆去了。

　　陈景润在图书馆里，找到了一个最安静的地方，认认真真地看起书来。他一直看到中午，觉得肚子有点饿了，就从口袋里掏出一只馒头来，一面啃着，一面还在看书。

　　"丁零零……"下班的铃声响了，管理员大声地喊："下班了，请大家离开图书馆！"人家都走了，可是陈景润根本没听见，还是一个劲地在看书呐。

　　管理员以为大家都离开图书馆了，就把图书馆的大门锁上，回家去了。

　　时间悄悄地过去，天渐渐地黑下来。陈景润朝窗外一看，心里说：今天的天气真怪！一会儿阳光灿烂，一会儿天又阴啦。他拉了一下电灯的开关线，又坐下来看书。看着看着，忽然，他站了起来。原来，他看了一天书，开窍了。现在，他要赶回宿舍去，把昨天没做完的那道题目，继续做下去。

　　陈景润把书收拾好，就往外走去。图书馆里静悄悄的，没有一点儿声音。哎，管理员上哪儿去了呢？来看书的人怎么一个也没了呢？陈景润看了一下手表，啊，已经是晚上八点多钟了。他推推大门，大门锁着；他朝门外大声喊叫："请开门！请开门！"可是没有人回答。

　　要是在平时，陈景润就会走回座位，继续看书，一直看到第二天早上。可是，今天不行啊！他要赶回宿舍，做那道没有做完的题目呢！

　　他走到电话机旁边，给办公室打电话。可是没人来接，只有嘟嘟的声音。他又拨了几次号码，还是没有人来接。怎么办呢？这时候，他想起了党委书记，马上给党委书记拨了电话。

　　"陈景润？"党委书记接到电话，感到很奇怪。他问清楚是怎么一回事，高兴得不得了，笑着说："陈景润！陈景润！你辛苦了，你真是个好同志。"

　　党委书记马上派了几个同志，去找图书馆的管理员。图书馆的大门打开了，陈景润向管理员说："对不起！对不起！谢谢，谢谢！"他一边说一边跑下楼梯，回到了自己的宿舍。

他打开灯，马上做起那道题目来。

10.6 陈省身

陈省身 1911 年 10 月 28 日生于浙江嘉兴秀水县，美籍华人，20 世纪世界级的几何学家。少年时代即显露数学才华，在其数学生涯中，几经抉择，努力攀登，终成辉煌。他在整体微分几何上的卓越贡献，影响了整个数学的发展，被杨振宁誉为继欧几里得、高斯、黎曼、嘉当之后又一里程碑式的人物。曾先后主持、创办了三大数学研究所，造就了一批世界知名的数学家。晚年情系故园，每年回天津南开大学数学研究所主持工作，培育新人，只为实现心中的一个梦想：使中国成为 21 世纪的数学大国。

陈省身 9 岁考入秀州中学预科一年级。这时他已能做相当复杂的数学题，并且读完了《封神榜》《说岳全传》等书。1922 年秋，父亲到天津法院任职，陈省身全家迁往天津，住在河北三马路宙纬路。第二年，他进入离家较近的扶轮中学（今天津铁路一中）。陈省身在班上年纪虽小，却充分显露出他在数学方面的才华。陈省身考入南开大学理科那一年还不满 15 岁。他是全校闻名的少年才子，大同学遇到问题都要向他请教，他也非常乐于帮助别人。一年级时有国文课，老师出题做作文，陈省身写得很快，一个题目往往能写出好几篇内容不同的文章。同学找他要，他自己留一篇，其余的都送人。到发作文时他才发现，给别人的那些得的分数反倒比自己那篇要高。

他不爱运动，喜欢打桥牌，且牌技极佳。图书馆是陈省身最爱去的地方，常常在书库里一待就是好几个小时。他看书的门类很杂，历史、文学、自然科学方面的书，他都一一涉猎，无所不读。入学时，陈省身和他父亲都认为物理比较切实，所以打算到二年级分系时选物理系。但由于陈省身不喜欢做实验，既不能读化学系，也不能读物理系，只有一条路——进数学系。

数学系主任姜立夫，对陈省身的影响很大。数学系1926级学生只有5名，陈省身和吴大任是全班最优秀的。吴大任是广东人，毕业于南开中学，被保送到南开大学。他原先进物理系，后来被姜立夫的魅力所吸引，转到了数学系，和陈省身非常要好，成为终生知己。姜立夫为拥有两名如此出色的弟子而高兴，开了许多门在当时看来是很高深的课，如线性代数、微分几何、非欧几何等等。二年级时，姜立夫让陈省身给自己当助手，任务是帮老师改卷子。起初只改一年级的，后来连二年级的都让他改，另一位数学教授的卷子也交他改，每月报酬10元。第一次拿到钱时，陈省身不无得意，这是他第一次的劳动报酬啊！

考入南开后，陈省身住进八里台校舍。每逢星期日，他从学校回家都要经过海光寺，那里是日本军营。看到荷枪实弹的日本鬼子那副耀武扬威的模样，他心里很不是滋味，不禁快步走开。再往前便是南市"三不管"，是个乌烟瘴气的地方，令他万分厌恶。从家返回学校时，又要经过南市、海光寺，直到走进八里台校园，他才感到松了口气。

10.7 拉格朗日

拉格朗日（1736—1813），法国著名的数学家、力学家、天文学家，变分法的开拓者和分析力学的奠基人。他曾获得过18世纪"欧洲最大之希望、欧洲最伟大的数学家"的赞誉。

拉格朗日出生在意大利的都灵。由于是长子，父亲一心想让他学习法律，然而，拉格朗日对法律毫无兴趣，偏偏喜爱上文学。

18世纪欧洲最伟大的数学家——拉格朗日直到16岁时，拉格朗日仍十分偏爱文学，对数学尚未产生兴趣。16岁那年，他偶然读到一篇介绍牛顿微积分的文章《论分析方法的优点》，使他对牛顿产生了无限崇拜和敬仰之情，于是，他下决心要成为牛顿式的数学家。

在进入都灵皇家炮兵学院学习后，拉格朗日开始有计划地自学数学。由于勤奋刻苦，他的进步很快，尚未毕业就担任了该校的数学教学工作。20岁时就被正式聘任为该校的数学副教授。从这一年起，拉格朗日开始研究"极大和极小"的问题。他采用的是纯分析的方法。1758年8月，他把自己的研究方法写信告诉了欧拉，欧拉对此给予了极高的评价。从此，两位大师开始频繁通信，就在这一来一往中，诞生了数学的一个新的分支——变分法。

1759年，在欧拉的推荐下，拉格朗日被提名为柏林科学院的通讯院士。接着，他又当选为该院的外国院士。

1762年，法国科学院悬赏征解有关月球何以自转，以及自转时总是以同一面对着地球的难题。拉格朗日写出一篇出色的论文，成功地解决了这一问题，并获得了科学院的大奖。拉格朗日的名字因此传遍了整个欧洲，引起世人的瞩目。两年之后，法国科学院又提出了木星的4个卫星和太阳之间的摄动问题的所谓"六体问题"。面对这一难题，

拉格朗日毫不畏惧，经过数个不眠之夜，他终于用近似解法找到了答案，从而再度获奖。这次获奖，使他赢得了世界性的声誉。

1766 年，拉格朗日接替欧拉担任柏林科学院物理数学所所长。在担任所长的 20 年中，拉格朗日发表了许多论文，并多次获得法国科学院的大奖：1722 年，其论文《论三体问题》获奖；1773 年，其论文《论月球的长期方程》再次获奖；1779 年，拉格朗日又因论文《由行星活动的试验来研究彗星的摄动理论》而获得双倍奖金。

在柏林科学院工作期间，拉格朗日对代数、数论、微分方程、变分法和力学等方面进行了广泛而深入的研究。他最有价值的贡献之一是在方程论方面。他的"用代数运算解一般 n 次方程（$n > 4$）是不能的"结论，可以说是伽罗华建立群论的基础。

最值得一提的是，拉格朗日完成了自牛顿以后最伟大的经典著作——《论不定分析》。此书是他历经 37 个春秋用心血写成的，出版时，他已 50 多岁。在这部著作中，拉格朗日把宇宙谱写成由数字和方程组成的有节奏的旋律，把动力学发展到登峰造极的地步，并把固体力学和流体力学这两个分支统一起来。他利用变分原理，建立起了优美而和谐的力学体系，可以说，这是整个现代力学的基础。伟大的科学家哈密顿把这本巨著誉为"科学诗篇"。

1813 年 4 月 10 日，拉格朗日因病逝世，走完了他光辉灿烂的科学旅程。他那严谨的科学态度，精益求精的工作作风影响着每一位科学家。而他的学术成果也为高斯、阿贝尔等世界著名数学家的成长提供了丰富的营养。可以说，在此后 100 多年的时间里，数学中的很多重大发现几乎都与他的研究有关。

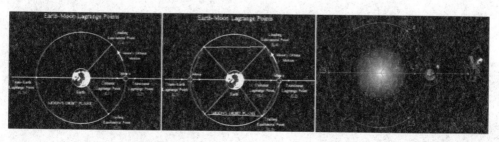